Wirtschaftlichkeit und Betriebssicherheit

moderner Dampfkraftanlagen

im Vergleich mit

Sauggenerator-Gaskraft-Anlagen.

Von

Ernst Lewicki,

Professor an der Königl. Technischen Hochschule zu Dresden.

Springer-Verlag Berlin Heidelberg GmbH 1904

ISBN 978-3-662-31749-5 ISBN 978-3-662-32575-9 (eBook)
DOI 10.1007/978-3-662-32575-9

Obgleich der auf vielen Gebieten noch unersetzliche Dampfkraftbetrieb im letzten Jahrzehnt in wirtschaftlicher Beziehung besonders durch Anwendung des überhitzten Dampfes ganz erhebliche Fortschritte gemacht hat, haben seit der erst vor etwa 2 Jahren erfolgten Einführung des Sauggeneratorgasbetriebes, der insbesondere als Ersatz des teuren Leuchtgasbetriebes nicht minder einen großen Fortschritt bedeutet, in letzter Zeit vielfache ungerechtfertigte, einseitige und übertriebene Anpreisungen dieses noch nicht in vieljährigem Betriebe erprobten Systems dazu geführt, daß beim Publikum eine gewisse Zurückhaltung gegenüber der altbewährten Dampfkraft Platz gegriffen hat.

Beispiele ungerechter Reklame für Sauggasanlagen und Beurteilung derselben.

Einige Beispiele aus solchen unzutreffenden und zu ungunsten des Dampfbetriebes lautenden Ankündigungen mögen zur Erläuterung des Gesagten hier angeführt und beurteilt werden.

In einem Flugblatt, welches eine Gasmotorenfabrik im Mai v. J. veröffentlichte, findet sich folgende Anpreisung:

„Sauggas-Motoren-Anlagen kosten (fetter Druck) — bei 12 PS. beispielsweise im Betrieb (kleiner Druck) pro Pferdekraft und Stunde noch nicht 1 Pfennig! (sehr fetter Druck). Eine Dampfmaschine aber ca. 4 Pfennig, ein Elektromotor aber ca. 16 Pfennig (fetter Druck). Dann heißt es (in sehr kleinem Druck): bei diesen Angaben sind folgende Preise zu Grunde gelegt: Anthracit von 8000 WE. per Kilo 1,7 Pfennig; Kesselkohle per Kilo 2 Pfennig; elektrischer Strom per KW-St. 20 Pfennig.“

Ganz abgesehen davon, daß bei den heutigen bereits bedeutend gestiegenen Anthracitpreisen selbst eine vorzügliche Sauggasanlage der angegebenen Größe für die PS.-Stunde schwerlich unter 1 Pfennig für Brennstoff verbraucht — viele ausgeführte Anlagen dieser Größe verbrauchen nachweislich für rund 2 Pfennig an

Brennstoff pro PS.-Stunde — ferner abgesehen von der Unzulässigkeit, einen Elektromotor, also eine sekundäre Kraftmaschine hinsichtlich der Betriebskosten zum Vergleich heranzuziehen, ist die Angabe, daß Kesselkohle (welche nur ausnahmsweise 8000 WE. besitzt), teurer sei als Anthracit von 8000 WE., völlig aus der Luft gegriffen und verurteilt sich selbst. Denn wäre dem wirklich so, dann müßte jeder Kesselbesitzer längst zur Feuerung mit Anthracit übergegangen sein. Recht auffällig ist noch, daß die Worte: „bei 12 PS. beispielsweise im Betrieb" möglichst wenig in die Augen fallend gedruckt sind. Jeder einigermaßen Einsichtige weiß aber, daß der Verbrauch an Brennstoff bei den Dampfmaschinen mit zunehmender Leistung bedeutend rascher sinkt als bei Gasmaschinen. Der Laie aber soll aus solchen Anpreisungen hierüber nichts erfahren und wird die angegebenen Ziffern für jede Maschinengröße als giltig ansehen. Übrigens kann die Dampftechnik auch bei Leistungen unter 20—25 PS. in den sehr zahlreichen Fällen mit den Gasmotoren konkurrieren, wo entweder der Abdampf anderweitige Verwendung finden kann oder die Beanspruchung eine stark schwankende ist.

In der Broschüre einer großen Gasmotorenfabrik über Neuerungen auf dem Gebiete der Gaskraftanlagen kommen mehrere unhaltbare Behauptungen vor, welche alle darauf hinausgehen, den Dampfbetrieb gegenüber dem Gasbetrieb herabzusetzen. Es betrifft folgende Punkte:

1. Dampfkessel in Kellern und unter Aufenthaltsräumen sind nicht in allen Fällen unzulässig. Bekanntlich darf nach dem Kesselgesetz vom 5. August 1890 unter bewohnten Räumen ein Dampfkessel betrieben werden, wenn das Produkt aus feuerberührter Heizfläche und Betriebsüberdruck in Atm. den Wert 30 nicht übersteigt. Ferner dürfen nach § 14 Absatz 3 desselben Gesetzes „Dampfkessel, welche aus Siederöhren von weniger als zehn Zentimeter Weite bestehen", ebenfalls unter Aufenthaltsräumen aufgestellt werden. Es gibt Röhrenkesselsysteme, welche in Verbindung mit der Dampfüberhitzung, die ja nicht mit Drucksteigerung verbunden ist und die Anwendung niedriger Drücke beim Maschinenbetrieb erleichtert, obige Bedingung einzuhalten gestatten.*)

2. Es ist ein Irrtum, wenn man den Dampfanlagen im besten Falle eine Ausnutzung der Brennstoffwärme von nur 8 Prozent zu-

---

*) Bemerkt sei noch, daß man im Stande ist, Dampfturbinen mit (konzessionsfreien) Niederdruckkesseln rationell zu betreiben, wenn man hohe Überhitzung anwendet. Versuche hierüber sind im Gange.

spricht. Wenn auch die Ziffern der besten Gasanlagen, bei welchen nach Versuchen 20 Prozent schon überschritten wurden, bisher nicht erreicht sind (die Brennstoffausnutzung allein ist freilich noch nicht für die Rentabilität einer Kraftanlage ausschlaggebend), so ist die angegebene Zahl von 8 Prozent von neueren Dampfmaschinenanlagen längst übertroffen worden, man hat 13—15 Prozent bereits erreicht und wird zweifellos durch weitere Fortschritte namentlich im Gebiete der Dampferzeugung in absehbarer Zeit auch diese Zahlen, welche man noch vor wenigen Jahren für unerreichbar hielt, überflügeln. (Vergl. Tab. S. 31.) So wurde neuerdings bei einer Lokomobile von nur 40 PSe normal bei rd. 62 PSe-Leistung eine Brennstoffausnutzung von 15,2 % erreicht.

3. Man kann daher auch nicht sagen, daß der Anthracitverbrauch der Sauggasanlagen im Durchschnitt nur 1/3 bis 1/2 des Kohlenverbrauchs der Dampfanlagen betrage, und was die Brennstoffkosten anbetrifft, so ist bei den heutigen Anthracitpreisen, welche oft diejenigen der Kesselkohle um 60—90 Prozent übersteigen, der Unterschied wesentlich geringer als die Broschüre angiebt, worin auch auf die billige Braunkohle für Kesselbetrieb zahlenmäßig keine Rücksicht genommen ist. Außerdem kommt aber in Betracht, daß Anthracit in der Regel in bezug auf seinen Heizwert teurer ist als Kesselkohle und bei zunehmendem Verbrauch der Preisunterschied infolge geringen Vorkommens auch noch größer werden wird, so daß sich für die Brennstoffkosten pro PS.-Stunde sogar ein geringerer Unterschied ergeben kann, als nach den Ausnutzungsziffern zu schließen ist. Dies zeigt z. B. folgende kleine Übersicht:

Ausnutzung der Brennstoffwärme ber. a. d. Nutzleist.	Sauggasanlage 21 %	Dampfmaschinen-Anlage 13 %
Brennstoffpreis*) pro 10 000 WE.	3,45 Pfg.	1,88 Pfg.
Brennstoffpreis pro Nutz-WE.	$\frac{3,45}{0,21 \cdot 10000}$ = 0,00164 Pfg.	$\frac{1,88}{0,13 \cdot 10000}$ = 0,00145 Pfg.
Brennstoffkosten pro PS.e.-St.	0,00164 . 637 = 1,04 Pfg.	0,00145 . 637 = 0,92 Pfg.

*) Nach Tabelle 2, S. 29, Kohlenpreise für Dresden.

Man sieht hieraus, daß trotz höherer Ausnutzung der Brennstoffwärme in der Gasanlage die effektive Leistungseinheit sich bezüglich der Brennstoffkosten sogar teurer stellt. Daß bei der neuerdings in Aufnahme kommenden Verwendung der wasserreichen Braunkohle beim Druck-Gaskraftbetrieb ein gewisser Vorteil für letzteren sich ergibt, soll nicht in Abrede gestellt werden, doch werden die Generatoren für Braunkohle für gleiche Leistungen entsprechend dem geringeren Heizwerte und des schwieriger zu reinigenden Kraftgases umfänglicher, komplizierter und daher teurer und zudem ist auch der Sauggeneratorbetrieb mit Braunkohle noch nicht praktisch aufgenommen worden beziehungsweise befindet sich noch im Stadium der Versuche.

Vorläufig ist Anthracit und Koks noch das vorherrschende Feuerungsmaterial für Sauggeneratoranlagen.

Aus Betriebsrücksichten ist man bei vielen Sauggasanlagen nach ungünstigen Erfahrungen mit billigerem, teerhaltigen zum teureren, teer- und staubfreieren Anthracit übergegangen und zahlt lieber für den Brennstoff etwas mehr, um dafür einen bequemeren Betrieb zu erhalten. Auch bereiten manche Kokssorten durch Backen und Schlackenbildung dem Generatorbetrieb Schwierigkeiten.

4. Man darf nicht Versuchsziffern einerseits mit Garantieziffern (welche stets einige Prozente höher angenommen werden als die ersteren) andrerseits in Vergleich stellen, wie es in der Broschüre geschieht.

5. Es ist viel zu hoch gegriffen, wenn zum normalen Brennstoffverbrauch bei Dampfbetrieb ein Zuschlag von 30 Prozent für Anheizen und sonstige Abkühlungsverluste bei Betriebspausen gemacht wird. Dieser Zuschlag ist bei guten Anlagen und vollem Tagesbetrieb (10 — 12 Stunden) erfahrungsgemäß nicht höher als 12 Prozent. Bekanntlich erfordert ein Dampfkessel, der abends sachgemäß abgestellt war, am nächsten Morgen nur ein geringes Zuheizen (der Dampfdruck ist in der Regel am Morgen noch mehr oder weniger vorhanden). Das Anheizen eines völlig kalten Kessels kommt im normalen Betriebe nur 1 bis 2 mal im Jahre vor. Beobachtungen an verschiedenen Kesselsystemen haben ergeben, daß der auf vollen Tagesbetrieb bezogene Zuschlag für Anheizen und Abkühlung bei Annahme eines 2 mal jährlich erfolgenden völligen Kaltstellens (für Reinigungszwecke) mit Berücksichtigung der Sonn- und Feiertagspausen beträgt:

bei Wasserrohrkesseln von 7—8 Prozent,
bei Lokomobilkesseln von 9—10 Prozent,
bei Cornwallkesseln von 11—12 Prozent.

In der später folgenden Zusammenstellung der Betriebskosten (Tabelle 1, S. 34, 35) ist der höchste der hier angegebenen Werte (12 Prozent) als Zuschlag bei dem Brennstoffverbrauch der Dampfanlagen genommen worden.

6. Bei Berechnung einer Kraftmaschinenanlage darf man bei den Anschaffungskosten im allgemeinen die Gebäudekosten nicht außer Acht lassen, denn die Fälle, daß eine solche Anlage in einem vorhandenen Raume aufgestellt werden könnte, welcher übrigens zum mindesten verzinst werden muß, sind selten und betreffen dann meist kleine Anlagen (unter 20 PS.), die hier außer Betracht kommen.

7. Vergleiche der Betriebsergebnisse von Dampf- und Gas-Elektrizitätswerken sind nur dann einwandfrei, wenn sie sich auf gleich große und dem jeweiligen Stande der Technik entsprechende Anlagen erstrecken und außerdem die täglichen Betriebszeiten sowie die Brennstoffpreise, auf den Heizwert bezogen, die gleichen sind. In diesem Falle findet man, wie eine auf dieser Basis fußende Untersuchung*) zeigt, durchaus keine allzu großen Unterschiede in bezug auf die Brennstoffkosten, was freilich aus der Zusammenstellung in der Broschüre nicht ersichtlich ist, da dieselbe sich nur auf die pro WE. erzeugte Energie erstreckt.

Außerdem ist bei den verglichenen Werken nicht gesagt, wie viel Betriebsstunden im Mittel auf den Tag fallen und man weiß doch, daß es auf den Bruttobrennstoffverbrauch von großem Einfluß ist, ob man 5, 10 oder 24stündigen Betrieb hat. Der Einheitsverbrauch steigt naturgemäß mit sinkender Stundenzahl ganz beträchtlich. Wie erheblich ferner der Unterschied im Brennstoffverbrauch bei veraltetem Naßdampf- und modernem Heißdampfbetrieb sein kann, zeigt folgender Fall: In einem norddeutschen Braunkohlenbergwerksbetriebe verbraucht die alte Naßdampfanlage jährlich für 59 000 M. Brennstoff. Eine genaue vom Verfasser angestellte Berechnung ergab, daß eine moderne Heißdampfanlage (Lokomobilbetrieb) für denselben Zweck nur rund 8700 M. an Brennstoff verbrauchen würde.**) Folgende auszugsweise Zusammenstellung giebt einen Überblick über die Betriebskosten.

Normale Leistung der Anlage 500 PS.

Die Anlage leistet an 300 Tagen je 10 Stunden lang 500 PS,

*) Vergl. Anhang 1 und Tab. 4, S. 46 u. 47.

**) Vergl. „Braunkohle“, Zeitschrift für Gewinnung und Verwertung der Braunkohle, Heft 21 vom 24. August 1903. Solche Unterschiede treten natürlich niemals auf, wenn man moderne Naßdampf- und Heißdampfanlagen vergleicht.

an 300 Tagen je 14 Stunden lang 270 PS und an 65 Tagen je 24 Stunden lang 270 PSe.

	veraltete Anlage	moderne Anlagen (projektiert)	
	Dampfbetrieb		Generatorgasbetrieb
	Naßdampf	Heißdampf	
Anlagekosten: Mk.	204 400	268 055	316 475
Betriebskosten:			
Verzinsung $4^1/_2$ %	9 200	12 062	14 250
Abschreibung 10 %	20 440	26 806	31 650
Bedienung	12 000	12 000	12 000
Schmiermittel	1 800	1 800	1 800
Unterhaltung	1 600	1 600	2 700
Brennstoffkosten*)	59 000	8 711	5 400
Gesamte jährliche Betriebskosten: Mk.	104 040	62 979	67 800
Gesamte Betriebskosten für 1 PS. e.-st in Pf.	3,41	2,06	2,22

8. Es ist unzulässig, bei Rentabilitätsberechnungen Maschinengrößen von gleichen Normalleistungen zu vergleichen. Eine Kraftanlage muß bekanntlich nach der größten im Betrieb zu erwartenden Belastung projektiert werden. Nun gestattet eine Dampfmaschine noch eine Überlastung bis zu 50 Prozent, ohne erheblichen Mehrverbrauch an Brennstoff **), während eine Gasmaschine je nach ihrer Konstruktion bezw. Steuerung nur eine dauernde Überlastung von im Mittel 10 Prozent zuläßt. Man wird daher z. B. für eine Maximalleistung von 110 PS eine Gasmaschine von normal rd. 100 und eine Dampfmaschine von normal rd. 75 PS zu wählen haben und dementsprechend die Anlagekosten bemessen. Die Dampfmaschine würde dann bei einer Belastung von 100 PS mit 37 Prozent Mehrbelastung arbeiten, was für ihre Ökonomie von sehr geringem Einfluß ist, weil der Dampfverbrauch einer Dampfmaschine innerhalb weiter Grenzen annähernd konstant bleibt, während dies bekanntlich bezgl. des Gasverbrauches bei der Gasmaschine nicht der Fall ist.

9. Die niedrigen in der Broschüre angegebenen Preise für Gaskoks haben für den Betrieb von Sauggasanlagen weniger Bedeutung, da nicht überall von den Hütten und Gasfabriken der hierzu geeignete Koks erzeugt wird und man mithin auf den Bahnbezug

*) Brennstoffpreis (Selbstkosten) 1 hl = 75 kg = 15 Pf.

**) Eine Dampfmaschine kann bekanntlich, wenn auch nur bei geringerer Ökonomie, leicht mit 100 Prozent Mehrbelastung dauernd arbeiten.

von Koks angewiesen wäre, was dem sauberen und bequemen Anthrazitbetrieb gegenüber keinen Vorteil böte. In der Dresdener Gegend z. B. findet man keine mit Koks betriebenen Sauggasanlagen.

10. Für Sauggasanlagen mit Koksbetrieb ist es unzulässig, die gleichen Anlagepreise wie für Anthrazitbetrieb einzusetzen, da wegen des größeren Verbrauchs an Koks die Generatoren für die gleiche Leistung größer werden und sich um rund 20 Prozent teurer stellen.

Soweit die Beispiele von unzutreffenden Angaben in den Reklamedrucksachen der Gasmotorenfabriken, welche leicht noch vermehrt werden könnten*). Bereits sind mehrfach Aufsätze **) und Broschüren zur Abwehr der übertriebenen Reklamen für Sauggas-Anlagen erschienen, die mehr oder weniger berechtigte Einwendungen enthalten; aber da sie bisher nur aus dem Kreise der Fabrikanten von Dampfkraftanlagen hervorgegangen sind, so hat man auf gegnerischer Seite diese gewiß nicht unberechtigten Widerlegungen als parteiisch nicht recht gelten lassen, obwohl darin viel einwandfreies Material enthalten ist und nur vereinzelt unhaltbare Darstellungen vorkommen.

Zweck vorliegender Broschüre.

Es dürfte daher gerechtfertigt sein, den Sachverhalt von unparteiischer Seite möglichst auf Grund von Erfahrungen und dem gegenwärtigen Stand der Dinge entsprechend zu beleuchten und haben die nachfolgenden Darlegungen in erster Linie den Zweck, die Betriebssicherheit und die Wirtschaftlichkeit der modernen Dampfanlagen derartig klarzustellen, daß der Leser sich ein Urteil zu bilden vermag, von welchen Gesichtspunkten man bei Projektierung einer Kraftmaschinenanlage für feste Brennstoffe auszugehen hat und wie hierbei die Dampfkraft heutzutage im Vergleich mit der Gaskraft zu beurteilen ist.

Die Gasmotoren für flüssige Brennstoffe sollen von unserer Betrachtung ausgeschlossen sein, zumal sie hinsichtlich der Brennstoffkosten pro PSe - St. mit den Dampf- und Kraftgasmaschinen nicht konkurrieren können.

Wo diese vorzüglich wegen ihres geringen Raumbedarfs am Platze sind, wird Niemand ihnen den Rang streitig machen, insbesondere dürfte der Dieselmotor in seiner gegenwärtigen vervoll-

---

*) So muß z. B. die Angabe, daß eine 100 PS Dampflokomobile pro PS-Stunde das $1^1/_2$fache an Brennstoff verbrauche wie eine mit Leuchtgas betriebene Gasmaschine in einer Gasfabrik, also unter Abzug des verkäuflichen Gaskoks, dahin ergänzt werden, daß eine moderne Heißdampflokomobile in diesem Falle etwa nur das 1,05fache an Brennstoff verbraucht.

**) Z. B. Mitteil. aus der Praxis des Dampfkessel- und Dampfmaschinen-Betriebes, 1903, No. 20, 31 und 41.

kommneten Konstruktion als einfache und den geringsten Platz verbrauchende Kraftmaschine von höchster Brennstoffausnutzung*) in machen Fällen mit der Dampfkraft in wirksame Konkurrenz treten. Dafür aber ist dieser in der Dampfturbine ein neuer mächtiger Bundesgenosse entstanden und voraussichtlich werden bei der Umwandlung des Dampflokomotivbetriebes in elektrischen Betrieb die dabei notwendig werdenden großen Kraftzentralen in Zukunft ihren Strom durch riesige Dampfturbinendynamos erzeugen, wodurch wieder dem Dampfkesselbau größter Nutzen erwachsen dürfte. Daß diese Zeit nicht allzufern mehr ist, zeigt der Umstand, daß gegenwärtig in Nordamerika für ein Bahnnetz von 1400 km Länge mehrere Kraftstationen mit Dampfturbinen System Curtis von zusammen 33 000 PS projektiert wurden. Nicht minder bemerkenswert aber ist die bereits in Bau befindliche neue Riesenkraftstation der Londoner Untergrundbahn, die 10 Dampfturbinendynamos nach Parsons von je 7500 PS. mit einer Dampfkesselanlage von 80 Kesseln zu je 485 qm Heizfläche umfaßt, ein neuer Beweis dafür, daß die Dampfkraft noch große Aufgaben zu erfüllen berufen ist.

Andererseits sehen wir, wie der Großgasmotor mit vollem Recht in den Hüttenwerken zur Ausnutzung der früher verlorenen oder nur wenig ausgenutzten Hochofengichtgase mit ausgezeichnetem Erfolg Verwendung findet; ihn werden weder die Kolbendampfmaschinen noch die Dampfturbinen je ersetzen, was vielleicht der Gasturbine später einmal vorbehalten ist.

Im Großschiffahrtsbetrieb wird aber die Kolbendampfmaschine noch auf lange Zeit hinaus im Verein mit der Dampfturbine das Feld behaupten.

Die beiden Hauptkriterien für die Beurteilung einer Kraftanlage.

Für die Wahl eines Betriebssystems im gegebenen Fall sind zwei Erwägungen in erster Linie maßgebend, ja sie enthalten eigentlich alle einzelnen Gesichtspunkte, welche dabei in Frage kommen können. Dies sind die Betriebssicherheit und die Wirtschaftlichkeit.

Die Betriebssicherheit ist absichtlich zuerst genannt, denn ehe

*) Es ist zu bemerken, daß der Dieselmotor trotz der von keinem anderen Motor erreichten Brennstoffausnutzung von 30 und mehr Prozent und selbst bei Verwendung minderwertigen Materiales (z. B. Paraffinöl zum Preise von 8,25 Mk. pro 100 kg) bei einem Verbrauche von nur 185 g pro PS-Stunde für größere Motoren doch 1,53 Pf. für die PS.eff. und Stunde für Brennstoff verbraucht, ein Beweis, daß die thermische Ausnutzung allein die Wirtschaftlichkeit nicht bedingt. Es giebt sowohl Dampfmaschinen als auch Sauggasanlagen, bei denen die PS e-St für dieselbe Leistung wie beim Dieselmotor wesentlich weniger an Brennstoff kostet als 1,5 Pf.

man daran denken kann, eine Betriebsanlage möglichst billig zu betreiben, müssen die Bedingungen eines sicheren Betriebes erfüllt sein. Unsicherheit im Betriebe erhöht die Betriebskosten direkt oder indirekt.

Jeder dieser beiden Hauptfaktoren für die Beurteilung einer Kraftmaschinenanlage setzt sich nun aus einer ganzen Reihe von Einzelheiten zusammen, die wir uns näher ansehen müssen.

A. Die Betriebssicherheit.

Ein sicherer, d. h. womöglich durch keine Störung unterbrochener Betrieb ist von der Erfüllung folgender Bedingungen abhängig:

1. Einfachheit, Übersichtlichkeit, geringer Raumbedarf.
2. Dauerhafte Konstruktion, geringe Abnutzung.
3. Leichte Auswechselbarkeit einzelner Teile.
4. Reinliches Treibmittel, um Verschmutzen der arbeitenden Teile möglichst zu vermeiden und lange ununterbrochene Betriebsperioden zu ermöglichen.
5. Einfache, rasche und gefahrlose Ingangsetzung.
6. Überlastungsfähigkeit.
7. Gute Regulierfähigkeit bei plötzlichen Belastungsänderungen und Gleichförmigkeit des Ganges (innerhalb einer Umdrehung).
8. Möglichkeit, mit dem Brennstoff zu wechseln, wenn besondere Umstände dies erfordern.
9. Vermeidung schädlicher Einflüsse auf die Gesundheit des Bedienungspersonals (z. B. Ausströmen von giftigen Gasen, Explosionsgefahr usw.)

Sehen wir nun, wie diese Bedingungen bei unseren modernen Dampf- und Gasmaschinen erfüllt werden. Beide Maschinensysteme sind auf einem hohen Grad der Vollkommenheit in Konstruktion und Ausführung angelangt, wenn auch hervorgehoben werden muß, daß die Gasmaschine eine weit kürzere Zeit ihrer praktischen Bewährung aufweist, als die nun über ein Jahrhundert alte Dampfmaschine.

Einfachheit der Anlage.

Bei den Motoren selbst wird man im allgemeinen beiderseits nicht von Einfachheit sprechen können, denn alles in allem haben Dampfmaschine wie Gasmotor eine große Anzahl von Einzelheiten aufzuweisen, von denen allerdings bei letzterem eine größere Anzahl zu den bewegten Teilen gehört*). So besitzt die Dampfmaschine kein Organ, welches der jetzt vielfach doppelt ausgeführten elektrischen Zündvorrichtung der Gasmaschinen entspricht, da der Dampf bereits im treibfähigen Zustand in die Maschine gelangt, während das Gasluftgemisch erst nach erfolgter Zündung, also durch die Explosion, treibfähig wird. Ferner muß hervorgehoben werden, daß die Generatoranlage gegenüber der Dampfkesselanlage vielgestaltiger, also auch weniger übersichtlich ist, wie unten näher gezeigt wird. Was den Raumbedarf anlangt, so halten sich darin beide Betriebsarten insofern die Wage, als Anlagen mit liegender Dampfmaschine bei mehrstufiger Expansion etwas mehr, dagegen mit stehender Dampfmaschine und ferner Lokomobilen weniger Grundfläche beanspruchen. Hier muß von Fall zu Fall der Raumbedarf nach den jeweiligen Bauverhältnissen beurteilt werden.

Die Generatorenanlage besteht aus 6 bezw. 8 Hauptteilen.

Die Generatoranlage für Saugbetrieb besteht außer den Rohrverbindungen aus folgenden Hauptteilen:

1. Gaserzeuger (Generator),
2. Verdampfer (bei einigen Konstruktionen ist derselbe direkt in den Generator mit eingebaut).
3. Wasservorlage (Staubfänger).
4. Gaswascher und -Kühler (Skrubber).
5. Sägespänreiniger (bei bestem Anthracit auch wegzulassen).
6. Gasdruckregler (bei Anlagen für kombinierten Saug- und Druckbetrieb).
7. Gebläse zum Anblasen beim Ingangsetzen des Generators.
8. Abzugsrohr mit Ventilen.

Eine Dampfkesselanlage besteht aus 5 bezw. 6 Hauptteilen.

Eine moderne Dampfkesselanlage enthält folgende Hauptteile:

1. Dampferzeuger.
2. Überhitzer (zweckmäßig direkt in den Kessel eingebaut).
3. Speiseapparate.
4. Fuchs mit Schornstein.
5. ev. Speisewasser-Vorwärmer (Economiser).
6. nach Bedarf Wasserreiniger.

Betreffs der Maschinenanlage ist zu bemerken, daß die Kondensatoranlage beim Dampfbetrieb in den Druckluftanlaßvorrichtungen (bei größeren Gasmaschinen mit besonderem Kompressor) ihr Gegen-

*) Die Dampfturbine hingegen muß als wesentlich einfacher gegenüber den Kolbenmaschinen und Gasmotoren bezeichnet werden, da sie als bewegte fast nur umlaufende Teile besitzt, auch in Bezug auf die Steuerung und Regulierung (eine Austrittssteuerung z. B. fehlt ganz) weit weniger kompliziert ist.

stück findet, die Kühlleitungen und Rückkühlanlagen sind bei beiden Systemen vorhanden, wenn sie auch bei Dampfanlagen meist umfänglicher sind als bei den Gasanlagen.

Dampfbetrieb für Centralisation geeigneter.

Hier muß noch folgender Umstand als für die Einfachheit der Anlage wichtig in Betracht gezogen werden. Man findet bei den neuen Gaselektrizitätswerken meist mehrere kleinere Maschineneinheiten zu einer Gruppe vereinigt. Zum Beispiel werden bei einer Gesamtanlage von 800 PS. 4 Motoren zu je 200 PS. aufgestellt, da man wegen der Wirtschaftlichkeit möglichst alle Motoren mit voller Leistung arbeiten lassen muß. Bei Dampfbetrieb wäre in diesem Falle die Anlage zweier Maschinen von je 400 PS. einfacher und hinsichtlich der Wirtschaftlichkeit mindestens ebenso günstig wie die Aufstellung von 4 Stück zu 200 PS. da ja die Dampfmaschine einmal bei größeren Leistungseinheiten an sich ökonomischer arbeitet und dann große Belastungsänderungen ohne wesentliche Änderung des Dampfverbrauchs gestattet. Hinsichtlich der beiderseits nötigen Kraftreserve wäre zu bemerken, daß man in diesem Falle auch bei der Dampfanlage nur eine Reservemaschine von rd. 200 PS braucht, da die Dampfmaschine ja eine sehr große Überlastungsfähigkeit besitzt, was später noch besprochen wird. Der Dampfbetrieb ist also für die Centralisation geeigneter.

Einfachheit der Gesamtanlage bei Dampfbetrieb durch gleichzeitige Benutzung zu Heiz- und Kochzwecken erhöht.

Für die Einfachheit der Gesamtanlage kommt noch ein für den Dampfbetrieb günstiger Umstand in Betracht. Da in den meisten Betrieben Dampf zu Heiz-, Koch- und anderen technischen Zwecken gebraucht wird, so sind hier die Dampfanlagen gegenüber den Gasbetrieben entschieden im Vorteil. Dies trifft umsomehr zu bei allen jenen Industrien, welche Dampf in erster Linie zu Fabrikationszwecken benötigen, wie z. B. Zuckerfabriken, Papierfabriken, Färbereien, Brauereien, Brikettfabriken und viele andere.

Wenn nämlich in derartigen Fabrikanlagen die Betriebskraft durch Dampfmaschinen erzeugt wird, so kann ohne weiteres der Dampfkessel auch zur Abgabe des für Heiz- und Kochzwecke notwendigen Dampfes herangezogen werden, während man bei Verwendung von Gaskraft noch eine besondere Wärmequelle für diese Zwecke haben müßte.

Die Rücksicht auf eine rationelle Anlage der Heizung ist also sehr maßgebend für die Wahl des Kraftmaschinensystems und werden wir bei der Betrachtung der Betriebskosten noch einmal darauf zurückkommen.

Im ganzen muß daher die Dampfanlage als einfacher bezeichnet werden, zumal sie bei der Vielseitigkeit ihrer Ausführungsarten schon bis zu Leistungen von 400 PS nach dem Lokomobilsystem, also Kessel und Maschine als einheitliches Ganze ausführbar ist. Auch die stehende Anordnung größter Dampfmaschinen bringt Vorteile mit sich, welche bei den Gasmaschinen nicht zu finden sind, da diese für die größten Leistungen liegende Anordnung aufweisen.

Dauerhafte Konstruktion und geringe Abnützung.

Dauerhafte Konstruktion und folglich geringe Abnutzung trägt insofern zur Betriebssicherheit bei, als man seltener genötigt wird wegen Ersatz oder Reparaturen die Maschine außer Betrieb zu setzen. Hier ist darauf hinzuweisen, daß die Gasmaschinen infolge der größeren Arbeitsdrücke bei gleichen Leistungen und Geschwindigkeiten stärker konstruiert, mithin schwerer werden müssen als die doppeltwirkenden Dampfmaschinen, welche bei jeder Umdrehung zwei Impulse erhalten, während die Arbeitskolben der Viertaktgasmotoren bei einfacher Wirkung auf zwei Umdrehungen, bei doppelter Wirkung auf jede Umdrehung einen Impuls erhalten. Dies bringt stärkere Momentanbeanspruchungen mit sich, die Massendrücke der hin- und hergehenden Teile werden größer, die Schwungräder müssen bei gleich großer Ungleichförmigkeit schwerer werden, wenn man nicht die Umdrehungszahl erheblich vergrößert, was ja in der Regel auch geschieht. Im allgemeinen wird daher eine Dampfmaschine auch weniger rasch abgenutzt, als eine Gasmaschine, bei welch letzterer außerdem auch die viel höheren Temperaturen im Zylinder, die bekanntlich eine intensive Mantel- und Ventilgehäusekühlung bedingen (im Gegensatz zu den mit Mantelheizung arbeitenden Sattdampfmaschinen*) eine große Inanspruchnahme des Materials herbeiführen, weshalb ganz besonders auf reines und hochsiedendes Schmieröl für die Zylinder der Gasmotoren gehalten werden muß. Manche Gasmotorenfabriken schreiben daher für ihre Motoren ganz bestimmte Ölsorten vor, die in der Regel teurer sind als die im Dampfbetrieb gebräuchlichen Marken. Beim Betrieb mit Heißdampf ist zwar auch hochsiedendes Cylinderöl nötig, doch ist der Einfluß des überhitzten Dampfes aus dasselbe weniger schädlich als der der noch sehr heißen Auspuffgase des Motors.

Die Abnutzung und Verschmutzung der Austrittsventile der Gasmaschinen, welche wesentlich durch die Eigenschaften der Abgase und deren hohe Temperaturen bedingt sind, ist entschieden höher als bei den Ventilen der Dampfmaschinen, die bei rationeller Ausführung auf lange Zeit einen dichten Sitz gewährleisten, wozu auch die Reinheit des Treibmittels beiträgt.

---

*) Die modernen Heißdampfmaschinen besitzen keinen Heizmantel was eine weitere Vereinfachung bedeutet.

Die Leichtigkeit der Auswechslung einzelner Teile wird durch die Verschiedenheit ihrer Gewichte mit bedingt, welche bei den Gasmaschinen aus schon erwähnten Gründen größer sind als bei gleich starken Dampfmaschinen, im übrigen dürften sich beide Systeme hierin nichts nachgeben.

Leichte Auswechselbarkeit einzelner Teile.

Wie schon erwähnt, ist die Reinheit des Treibmittels für die Betriebssicherheit von Wichtigkeit. Bei beiden Systemen finden wir das Zylinder-Schmieröl, dessen Beschaffenheit von Einfluß auf die arbeitenden Flächen ist und welches bezüglich seiner Tauglichkeit von den Temperaturen in der Maschine abhängt. Das hochsiedende, auch bei den Heißdampfmaschinen angewandte dickflüssige Mineralöl bleibt unverändert bis etwa 320° C. und müssen schon aus diesem Grunde die Gasmotorzylinderwände eine entsprechend starke Mantelkühlung erhalten, welche die Wandtemperatur niedrig hält, freilich zu Ungunsten der Wirtschaftlichkeit. Daß mitunter doch höhere Temperaturen an einzelnen Stellen der Wandungen auftreten müssen (bis 500° und mehr) zeigen die öfters vorkommenden vorzeitigen Zündungen, welche nicht durch den neuerdings gesteigerten Kompressionsdruck allein hervorgerufen werden, der an sich nicht imstande ist, eine solche Temperatursteigerung herbeizuführen. Die Kühlung läßt sich eben bei den Gasmotoren nicht an allen Stellen in gleicher Weise durchführen, obwohl hier neuerdings Verbesserungen gemacht worden sind. Während nun der Dampf an sich so gut wie keine Unreinigkeiten mit sich führt — selten hört man davon, daß etwas sogenannter Zunder aus den Überhitzern im Dampf mit fortgeführt wird — welche dann aber im Schieberkasten oder Ventilgehäuse zurückgehalten werden, wenn nicht schon ein in die Zuflußleitung eingesetztes Sieb dies besorgt, wie es z. B. bei der de Laval-Dampfturbine geschieht, hinterlassen die Kraftgase trotz der mehr oder weniger komplizierten Reiniguungsprozesse immer noch Rückstände bei der niemals ganz vollkommenen Verbrennung im Zylinder, die im Verein mit Ölbestandteilen die Kolben, Zylinder und Ventile verschmutzen. Die umstehenden Tabellen zeigen, wie vielgestaltig die Zusammensetzung der hier in Frage kommenden Treibgase gegenüber dem reinen Wasserdampf ist. Wenn die Verschmutzungen namentlich der Generatorenventile und der Leitungen bei Anwendung von bestem Anthracit auch nur geringfügiger Natur sind, so bestehen sie umsomehr bei andern in den Generatoren verwendeten Brennstoffen*) und es muß zur Aufrecht-

Reinheit der Treibmittel.

*) Namentlich durch den Teergehalt der minderwertigen Anthracite und Braunkohlen werden dem sauberen Betrieb der Generatorgasanlagen Schwierigkeiten bereitet. Man bemüht sich gegenwärtig, die Teeraus-

erhaltung eines guten Betriebes eine öftere Reinigung sowohl der Gaserzeugungsapparate als auch der Ventile und Kolben der Motoren vorgenommen werden.

Mittlere volumetrische Zusammensetzung einiger Kraftgasarten.

Wie mannigfaltig die Zusammensetzung der Kraftgase gegenüber dem nur aus Wasserstoff und Sauerstoff bestehenden Dampf ist, zeigen folgende Beispiele: (vergl. Güldner, Verbrennungsmotoren S. 452 f.)

Kraftgas aus Anthracit:

Wasserstoff	24 %
Sumpfgas	2 %
Kohlenoxyd	17 %
Kohlensäure	11 %
Stickstoff	46 %
	100

Kraftgas aus Koks:

Wasserstoff	7 %
Sumpfgas	2 %
Kohlenoxyd	28 %
Kohlensäure	5 %
Stickstoff	58 %
	100

Schwelgas aus Braunkohlen:

Wasserstoff	24,3 %
Sumpfgas	16,5 %
Schwer. Kohlenwasserstoffe	1,4 %
Kohlenoxyd	8,1 %
Schwefelwasserstoff	1,1 %
Kohlensäure	17,0 %
Sauerstoff	3,1 %
Stickstoff	28,5 %
	100,0

Wegen der Schwierigkeit der Herstellung reinen Gases ist das Sauggassystem vorläufig hinsichtlich der Verwendung von Braunkohle

---

scheidungen bereits im Generator zu verbrennen. Auch hat man besonders für die Abscheidung mitgerissener Staubteilchen aus dem Gase zu sorgen. Deßhalb muß in der Regel der Anthracit vor dem Gebrauch gesiebt werden, was mit Verlust verbunden ist. Ähnlich haben die Dampfkesselkanäle mit Flugasche zu kämpfen und sind von Zeit zu Zeit zu reinigen.

und fetter Steinkohle noch nicht allgemein anwendbar und kommen daher Anthracit und Koks in Nußgröße III und IV, jetzt fast ausschließlich bei Sauggasanlagen zur Anwendung*). Bei Druckgeneratoranlagen ist man in der Verwendung von Braunkohle und Torf bereits zu praktisch brauchbaren Resultaten gelangt, aber diese Anlagen sind naturgemäß kostspieliger als die Sauggasanlagen und sind gegenwärtig noch nicht allgemein in die Praxis eingeführt.

Einfache Ingangsetzung der Dampfmaschinen.

Die Ingangsetzung ist bekanntlich bei Gasmotoren nicht immer ganz einfach, besonders bei dem Viertaktsystem, welches bei den hier in Fragen kommenden Leistungen (bis 300 PS) hauptsächlich in Betracht kommt. Bei den kleinsten Typen wird allenfalls das Andrehen von Hand noch zuläßig sein, wenn auch hier mitunter beim unvermuteten Einsetzen der ersten Zündung vor dem Totpunkt heftige Rückdrehungen auftreten, die dem Maschinisten gefährlich werden können. Bei allen größeren Gasmotoren muß man eine künstliche Anlaßvorrichtung anwenden, sei es nun komprimierte Luft, die vorrätig zu halten ist oder elektrischen Strom, auch sind besondere Vorrichtungen an der Steuerung vorhanden, um z. B. die Kompression während des Anlassens zu verringern und so dieses zu erleichtern. Ganz abgesehen davon, daß beim Inbetriebsetzen des Generators je nach dem System (Saug- oder Druck- oder gemischter Betrieb) verschiedene in richtiger Reihenfolge vorzunehmende Verrichtungen nötig sind, muß das Ingangsetzen des Motors als verhältnismäßig umständlich bezeichnet werden.

Bei den Dampfmaschinen dagegen beschränkt sich das Anlassen in der Regel auf das Anwärmen der Maschine, das Einstellen der Kurbel vor den Totpunkt (meist mittels Klinkhebel) und Öffnen des Dampfzuleitungsventils. Daß dabei auf gehöriges Entwässern des Zylinderinnern zu sehen ist, versteht sich von selbst. Es ist dies aber eine Sache, die jeder Maschinist zuerst beobachten muß, auch sind die sogenannten „Wasserschläge“ in Dampfmaschinen seit Einführung des Betriebes mit überhitztem Dampf seltener geworden, und zudem sind Sicherheitsventile an den Zylindern vorgesehen. Daß die Ingangsetzung der Gasmaschinen bezw. der Sauggeneratoren nicht ganz einfach und zudem zeitraubend ist, geht auch daraus

*) Es sollen aber Versuche mit neueren Generatoren auch den Saugbetrieb bei böhmischer Braunkohle und Braunkohlen-Briketts, wenn auch nur unter Anwendung eines Hilfsgebläses und Gasbehälters als möglich ergeben haben. Ein reiner Sauggasbetrieb liegt also hier nicht vor. Versuche über Verwendung von Anthracit-Feinkohle sind ebenfalls im Gange.

hervor, daß man über Mittag vielfach den Motor nicht still setzt. Auch ist es im allgemeinen viel leichter eine Dampfmaschine unter Belastung anzulassen, als einen Gasmotor.

Grosse Überlastungsfähigkeit der Dampfmaschinen.

Für die Sicherheit des Betriebes ist die Überlastungsfähigkeit des Motors ein wichtiger Faktor. Neben der Rücksicht auf spätere Erweiterung des Betriebes bezw. Vergrößerung der Belastung der Maschine, muß man auch für eine nicht weiter auszubauende Anlage genau vorher bestimmen, wie groß im Betriebe die möglicherweise eintretende Höchstbelastung sein wird und hiernach ist die Maschinengröße zu bemessen. Bei den Generatoren ist zu bemerken, daß sie, nur wenn als Druckgeneratoren angelegt, durch das Gebläse zu einer merklichen Produktionssteigerung und zwar nur vorübergehend gebracht werden können, während die Sauggeneratoren lediglich auf die Saugwirkung des Motors angewiesen sind und demzufolge sie für plötzliche Betriebsschwankungen weniger geeignet sind, wie Erfahrungen gezeigt haben.*) Dampfkessel sind bekanntlich — ohne in der Ökonomie des Betriebes erheblich nachzulassen, wie durch Versuche nachgewiesen ist — stark überlastungsfähig.

Aber auch der Gasmotor selbst ist über seine normale Vollbelastung hinaus nur wenig steigerungsfähig, was in der Eigentümlichkeit seiner Wirkungsweise begründet ist. Entweder es wird (wie bei den älteren Systemen) durch Aussetzen der Zündungen, oder durch Drosselung, d. h. durch mehr oder weniger vergrößerte Füllung bei gleichbleibendem Mischungsverhältnis die Leistungsänderung bewirkt. Die erstere Methode bringt ungleichmäßigeren Gang oder vergrößertes Schwungradgewicht mit sich, die 2. Methode ist vorteilhafter für den Gang und ermöglicht auch etwas größere Überlastung.

Es hat sich gezeigt, daß Sauggasanlagen im Mittel eine Überlastung von mehr als 10 Prozent über Normalleistung dauernd nicht zulassen. Eine Dampfmaschine dagegen kann mit Leichtigkeit 50 Prozent und mehr über ihre normale Belastung angestrengt werden, ohne daß sie dabei aufhört, völlig sicher zu funktionieren. Dabei kommt ihr zu statten, daß sie innerhalb weiter Grenzen einen nur wenig veränderlichen Dampf- bezw. Kohlenverbrauch pro PS.-Stunde hat. Bei Sauggasmotoren kommt es vor, daß sie gelegentlich einer die Überlastungsfähigkeit der Anlage übersteigenden Momentanbelastung

*) Neuerdings hat sich übrigens auch beim Sauggasbetrieb die Regelung der Dampfzufuhr zum Generator zur Erzielung eines gleichwertigen Gases bei schwankender Belastung als notwendig herausgestellt. (Vergl. Dingler Polyt. Journal 1904 S. 142.)

stehen bleiben, was bei Dampfmaschinen nicht eintritt, da sie infolge der möglichen Füllungsvergrößerung bezw. Dampfmengensteigerung selbst bei verlangsamtem Gang noch zu funktionieren vermögen.

Wir werden bei Betrachtung der Betriebskosten sehen, daß dieser Umstand sehr wichtig ist und für die Dampfkraft einen großen Vorteil einschließt. Vom Standpunkte der Betriebssicherheit war aber schon an dieser Stelle darauf hinzuweisen. Näheres folgt weiter unten.

Gleichförmigkeit des Ganges.

Die Gleichförmigkeit des Ganges bei wechselnder Belastung ist bei der doppeltwirkenden Dampfmaschine mit Expansionssteuerung naturgemäß leichter zu erzielen als bei den einfach wirkenden im Viertakt arbeitenden Explosionsmotoren, bei denen im allgemeinen nur durch Vergrößerung der Schwungradmasse auf Erhöhung der Gleichförmigkeit hingewirkt werden kann. Will man allzugroße Gewichte vermeiden, so muß man zu doppeltwirkenden Maschinen bezw. zu höheren Umdrehungszahlen übergehen. Immerhin kann gesagt werden, daß die Gasmaschinen in dieser Hinsicht gegenwärtig bereits hohen Ansprüchen genügen, da sie sich mehr und mehr die Errungenschaften des Dampfmaschinenbaues zu Nutze gemacht haben. Je nach dem System der Steuerung haben die Gasmaschinen verschiedene Grade der Gleichförmigkeit, es sind aber höhere Ansprüche in dieser Beziehung (z. B. bei direkter Lichterzeugung) von größerem Einfluß auf den Preis der Anlage als beim Dampfmaschinenbetrieb.

Die Gleichförmigkeit innerhalb der einzelnen Umdrehungen ist bei Gasmaschinen mit Viertakt prinzipiell eine weniger große als bei den Dampfmaschinen und muß also durch vergrößerte Schwungradgewichte verbessert werden. Die normalen Gasmotoren (Viertakt) für Gewerbebetrieb weisen in der Regel einen Ungleichförmigkeitsgrad des Schwungrades von 1 : 50 auf, während bei Dampfmaschinen 1 : 150 bis 1 : 180 gewöhnliche Werte sind.

Wechsel im Heizmaterial bei Dampfkesseln leichter als bei Gasmotoren.

Hinsichtlich des Brennstoffs ist hervorzuheben, dass die Betriebssicherheit einer Anlage erhöht wird, wenn man imstande ist, ohne Schwierigkeit mit dem Brennmaterial zu wechseln, z. B. infolge des Ausbleibens von Lieferungen bei Streik etc. Darin ist nun eine Dampfkesselanlage der Generatorgasanlage entschieden überlegen. Bei ersterer kann man auf ein und demselben Rost (z. B. Planrost) Steinkohlen, Braunkohlen, Briketts, Koks oder die geringwertigen Abfälle aus Gasfabriken verfeuern, ohne daß der Betrieb dadurch erschwert würde.*) Ein Generator und zumal der Sauggenerator ist in der Regel nur für ein bestimmtes Brennmaterial geeignet, z. B. wird man nicht so leicht von Anthracit auf Koks übergehen können, da für die gleiche Leistung der Generator dann größer sein müßte. Braunkohlen sind bis jetzt nur im Druckgenerator bezw. im kombinierten Generator (Saug-Druck) vergast worden.

Gefährlichkeit der Betriebe.

Was die Gefährlichkeit des Betriebes anlangt, die ebenfalls von Einfluß auf die Betriebssicherheit ist, so kann man wohl behaupten, daß beide Systeme sich hier die Wage halten. Auf der einen Seite die Gefahr der explosiblen und wegen Vorhandensein des Kohlenoxyds giftigen Gase, auf der andern die Möglichkeit der Dampfkesselexplosion. In beiden Beziehungen kann aber durch gesetzliche Vorschriften — die Dampfkessel-Anlagen unterliegen bekanntlich längst scharfen polizeilichen Bestimmungen und behördlichen Revisionen — dahin gewirkt werden, diesen Gefahren nach Möglichkeit zu begegnen. Freilich sind die Sauggasanlagen bis jetzt nur in Sachsen konzessionspflichtig, obwohl wegen der Neuheit des Systems öftere Unfälle zu verzeichnen sind. Es sei erinnert an eine erst kürzlich in München vorgekommene Kohlenoxydgasvergiftung dreier Personen mit tötlichem Ausgang, welche durch einen Saug-Generatorbetrieb verursacht worden ist. Wenn auch in diesem Falle eine Undichtheit im Kamin die mittelbare Ursache des Unfalles war, so ist doch der Umstand, daß die Generatoren in Hausschornsteine einmünden können und während der Nacht Gas abgeben, als nicht ganz unbedenklich zu bezeichnen und dürften in dieser Hinsicht neben allgemeiner Einführung der Konzessionspflicht noch schärfere Vorschriften für diese Anlagen erlassen werden. So ist gegenwärtig nach den Betriebsanleitungen der Gasmotorenfabriken das Abschlacken der Generatoren im Betrieb zwar zulässig, jedoch unter der Beschränkung, daß es nur sehr kurze Zeit währt. Diese Bestimmung kann nur für schlackenarmes Brennmaterial gelten, da schlackenreicherer Brennstoff stets längere Zeit zum Abschlacken erfordert und daher Betriebsunterbrechungen unvermeidlich werden, wenn nicht Gasbehälter oder Reservegeneratoren vorhanden sind. Bei längerem Offenhalten der Feuertür des Generators bildet sich durch Einsaugen von Luft explosibles Gas-Luftgemisch. Ob das Arbeiten an den Generatoren selbst bei

---

*) Die Rostgröße kann dem Brennstoff angepaßt werden. Für diesen Zweck kommen neuerdings Einrichtungen in Aufnahme, welche die Veränderung der Rostgrößen während des Betriebes gestatten und so einen ökonomischen Betrieb für alle Fälle ermöglichen.

Ventilation des Raumes auf die Dauer ohne Nachteil für die Gesundheit bleibt, kann erst nach mehrjähriger Erfahrung beurteilt werden. (Vergl. Anhang 2.)

Betriebserleichterung durch selbsttätige Einrichtungen und Bedienung.

Die Betriebssicherheit einer Anlage ist zwar im allgemeinen um so größer, je weniger das Funktionieren derselben von der persönlichen Aufmerksamkeit des Maschinisten abhängt*), aber es ist selbstverständlich, daß eine gewissenhafte Überwachung des Betriebes und namentlich Pflege der Maschinen im Stillstand von wesentlicher Bedeutung für die allgemeine Betriebssicherheit ist und hier kommen wir auf die Einfachheit der Anlagen zurück und finden, daß eine Anlage um so leichter zu überwachen ist, je weniger Teile sie hat, je einfacher diese in ihrer Konstruktion sind und je geringer ihre räumliche Ausdehnung gehalten werden kann, ohne die Zugänglichkeit zu beeinträchtigen. Der Raumbedarf ist für Dampfanlagen, wie schon erwähnt, bei stehender Anordnung der Maschinen und bei Lokomobilen wesentlich geringer als bei Gaskraftanlagen mit Generatorbetrieb, wie zahlreiche Dispositionspläne ausgeführter Anlagen zeigen. Im allgemeinen ist zu sagen, daß zur sachgemäßen Überwachung**) eines Gaskraftbetriebes wohl unterrichtete und daher seltener sich findende Leute erforderlich sind, die vor allem mit den nicht ganz einfachen Bedienungsvorschriften für Gaskraftanlagen genau vertraut sein müssen. (Vergl. Anhang 3) In dieser Beziehung ist die Dampfturbine als weitaus die einfachste Wärmekraftmaschine der Jetztzeit zu bezeichnen, sowohl was ihre Ingangsetzung als auch Wartung während des Betriebes anbetrifft.

Die Betriebssicherheit der Dampfanlagen ist langjährig erprobt, die der Sauggasanlagen noch nicht.

Alles in allem werden wir vorläufig der altbewährten Dampfkraft noch den höheren Grad von Betriebssicherheit zusprechen müssen, ganz abgesehen davon, daß sie in all den Fällen, wo gleichzeitig auch Dampf zu Heiz-, Koch- und anderen als Kraftzwecken gebraucht wird, der Einheitlichkeit des Gesamtbetriebes wegen den Vorzug verdient. Da die Sauggeneratorgasanlagen noch nicht auf langjährige Betriebsperioden zurückblicken können, muß vorerst

---

*) Die zahlreichen automatischen Einrichtungen, welche beim Dampfbetrieb dem Maschinisten bezw. Heizer heutzutage an die Hand gegeben sind (selbsttätige Beschickungsvorrichtungen, Essenzugregler, Speiseapparate usw.) machen eine aufmerksame Überwachung des Betriebes zwar nicht überflüssig, aber erleichtern den Betrieb zweifellos.

**) Die ständige Überwachung der im Betrieb befindlichen Dampfkessel ist bekanntlich gesetzlich vorgeschrieben, während bei den Generatoren der Sauggasanlagen dies nicht der Fall ist, da hierbei unter Überdruck stehende Dampfkessel nicht vorkommen.

noch abgewartet werden, wie lang die Lebensdauer dieser Anlagen sich ergeben wird, und erst in etwa 8—10 Jahren wird man ein einwandfreies Urteil über ihre tatsächliche Betriebssicherheit in dem hier angedeuteten erweiterten Sinne abgeben können.*)

Dampfanlagen haben sich in ungezählten Fällen über mehrere Jahrzehnte betriebssicher gezeigt und dieser Umstand darf bei Aufstellung von Neuanlagen auch gegenwärtig nicht außer acht gelassen werden. Es soll keineswegs verschwiegen werden, daß auch der Dampfbetrieb als ein Menschenwerk seine Mängel und Gefahren hat, aber die erwähnte hohe Stufe seiner Ausbildung hat bereits viel davon beseitigt und der Fortschritt wird auch hier nicht bei dem Erreichten stehen bleiben, sondern rastlos nach immer weiterer Vollkommenheit streben.

B. Die Betriebskosten.

Neben der Betriebssicherheit kommt bei Beurteilung einer Kraftanlage lediglich noch die Höhe der Betriebskosten in Frage, und wir wollen zunächst sehen, aus welchen Einzelkosten sich dieselben zusammensetzen. Was haben wir unter Betriebskosten einer Kraftanlage zu verstehen? Vielfach liest man in den Prospekten und Anzeigen der Fabriken von Sauggasanlagen Sätze wie: „Kosten pro PS.-Stunde $1^1/_2$ Pfennig“, oder auch „Betriebskosten pro PS.-Stunde $^1/_2$—$1^1/_2$ Pfennig.“ Nur selten wird deutlich geschrieben: „Brennstoffkosten“, denn daß diese allein gemeint sind, wo derartig niedrige Ziffern angepriesen werden, ist ja für den Sachverständigen ohne weiteres klar. Der Käufer aber denkt nicht immer gleich daran, was zu den Brennstoffkosten noch alles hinzukommt, um zu wissen, wie viel bei der aufzustellenden Anlage nun eigentlich die Erzeugung einer PS.-Stunde dem Besitzer an Geldwert kostet. Erst wenn man alle die hier in Frage kommenden Ausgaben berücksichtigt, wird sich zeigen, welchen Anteil am Gesamtresultat eigentlich die reinen Brennstoffkosten haben.

Im allgemeinen hat man unter den Betriebskosten einer Kraftmaschinenanlage zu verstehen die Summe aller Aufwendungen (mittelbare und unmittelbare), welche zur Erzeugung der motorischen

*) So war, um ein Beispiel anzuführen, der Kühler (Reiniger) einer Sauggasanlage bereits nach ca. 8 Monaten durch die Einwirkung von Ammoniak und Schwefelwasserstoff reparatur- bezw. erneuerungsbedürftig geworden.

Nutzleistung zu machen sind. Man kann diese Summe entweder auf das Betriebsjahr und auf die ganze Anlage oder aber auf die Leistungseinheit (Pferdestärke) und Stunde bezogen darstellen. Gewöhnlich wird die Rechnung nach beiden Gesichtspunkten durchgeführt, wobei die Vorerhebungen ja die gleichen sind.

Zusammensetzung der Betriebskosten.

Die einzelnen Posten für die Bestimmung der Betriebskosten sind im wesentlichen die folgenden:

1. Die Zinsen des Anlagekapitals.
2. Die Abschreibung des Kapitalwertes.
3. Reparaturen und Instandhaltung (Ersatz).
4. Kosten der Feuer-Versicherung.
5. Die Löhne für die Bedienung.
6. Kessel- und Schornsteinreinigung, Revision bezw. Reinigung der Sauggasanlage.
7. Beleuchtungskosten.
8. Schmier- und Putzmaterial,
9. Kühl- und Speisewasserbeschaffung (Ersatz).
10. Die Brennstoffkosten.

Alle diese Kosten werden zunächst auf ein Jahr bestimmt und können dann, sobald man die Zahl der jährlichen Betriebsstunden sowie die mittlere Leistung der Maschine festgestellt bezw. angenommen hat, für die PS-Stunde umgerechnet werden. Man hat dann den Preis der Selbstkosten der erzeugten Leistungseinheit während einer Betriebsstunde und kann beurteilen, welchen Prozentsatz die einzelnen Posten von der Summe ausmachen. Es liegt auf der Hand, daß sich eine genaue Vorausbestimmung der Betriebskosten einer neu aufzustellenden Kraftmaschinenanlage kaum durchführen läßt, da die Ermittelung einzelner Posten doch mehr oder weniger auf Schätzung angewiesen ist und manche Grundpreise fortwährend Schwankungen unterworfen sind. Soviel wie möglich muß man die Unterlagen zu solchen Rechnungen praktischen Betriebsergebnissen entnehmen, um sicher zu gehen, was freilich bei den Sauggeneratorgasanlagen gegenwärtig nicht so leicht ist, da über dieselben noch wenig Beobachtungen über längere Betriebsperioden vorliegen.

Wir wollen nun die einzelnen Bestandteile der Betriebskosten, wie sie auch den unten folgenden Rentabilitätstabellen zugrunde liegen, kurz betrachten und zeigen, wie sie sich annähernd genau bestimmen lassen.

Die Anlagekosten, ihre Verzinsung und Abschreibung (Amortisation).

Im allgemeinen sind heute die Preise erstklassiger Dampfmaschinenanlagen*) in allen Fällen niedriger als bei den Gaskraftanlagen gleicher Maximalleistung, auf welche bei Vergleichen unbedingt Rücksicht zu nehmen ist. Bei gleichen Normalleistungen ergiebt sich bis zu 100 PS ein kleiner Mehrpreis für die Dampfanlagen. Wenn nun auch die Generatoren bei größeren Leistungen wohl etwas billiger sind als Dampfkesselanlagen, so sind dagegen die Gasmotoren durchgängig wesentlich höher im Preise**). Dies hat darin seinen Grund, daß dieselben infolge der höheren Arbeitsdrücke in den Cylindern schwerer ausfallen als gleichstarke Dampfmaschinen, was auch besonders von den Schwungrädern der Gasmotoren gilt, die z. B. für direkten Lichtbetrieb beim Viertaktsystem besonders schwer gehalten werden müssen. Nicht unwichtig aber ist es, bei Aufstellung von Vergleichsrechnungen zu beachten, daß man wegen der schon erwähnten großen Überlastungsfähigkeit der Dampfmaschinen einer Gasmaschine immer eine Dampfmaschine von rund 25 Prozent geringerer Normalleistung gegenüberstellen kann, was natürlich einen weiteren Vorteil zugunsten der Betriebskosten der Dampfanlage bedeutet. So kostet z. B. eine 100 PS Normal-Sauggasanlage (vergl. Tabelle 1, S. 34, 35) 34 600 M., eine Dampfanlage von normal 100 PS 36 150 M., dagegen die Dampfanlage von gleicher Höchstleistung, also von etwa 75 PS Normalleistung, nur 32 100 M. Dies wird in den folgenden Tabellen erstmalig berücksichtigt und es zeigt sich, daß man wohl damit zu rechnen hat, denn der hierdurch sich ergebende Minderbetrag der gesamten Verzinsung und Abschreibung ist höher als der Mehraufwand für Brennstoff durch die teilweise Überlastung der Dampfmaschine (von 75 auf 100 PS). Die erzielte weitere Verringerung des Gewichtes der Dampfmaschine hat außerdem eine entsprechende Verbilligung der Fracht zur Folge. Bei Lokomobilen stellt sich das Verhältnis noch erheblich günstiger. Die Verzinsung des Anlagekapitals, welches sich zusammensetzt aus den gesamten Anschaffungskosten der Maschinenanlage, und zwar für betriebsfähigen [Zustand, und den zugehörigen Gebäudekosten

---

*) Der Bau der Dampfmaschine ist durch die Erfahrung eines Jahrhunderts heute zu einem kaum zu überbietenden Grad der Vollendung gelangt, während die Gasmaschinen erst im letzten Vierteljahrhundert ihre konstruktive Ausbildung erhielten.

**) Zu den höheren Preisen dürfte auch der Umstand mit beitragen, daß die kleineren und mittleren Gasmotoren vor dem Versandt in der Fabrik einer eingehenderen Prüfung und Justierung unterworfen werden müssen, was naturgemäß mit Unkosten verknüpft ist.

(der Wert des Grundstückes kann hier außer Betracht bleiben) wird gegenwärtig mit 4 Prozent in Rechnung gestellt.

Vorausgeschickt muß werden, daß man für die Abnutzung der Sauggeneratoren und Motoren eigentlich noch keine giltigen Prozentsätze besitzt, da diese Anlagen noch zu neu sind, um hierüber schon ein endgiltiges Urteil fällen zu können. Bei den Dampfmaschinen dagegen weiß man, daß dieselben bei guter Behandlung 20—30 und noch mehr Jahre im Betrieb erhalten werden können. Man muß jedoch hinzufügen, daß man nicht in allen Fällen Maschinen so lange behält, wenn sich bei der raschen Entwickelung der Technik und den auftretenden Verbesserungen die Anschaffung einer neuen Maschine wirtschaftlich mehr empfiehlt, weil dieselbe die Betriebskosten wesentlich zu verringern verspricht. In den aufgestellten Tabellen sind bei stationären Dampfanlagen 7 Prozent, für Gasanlagen 8 Prozent für Abschreibung gerechnet, es ist also ein Zeitraum von nur 14 bezw. 12 Jahren für die Lebensdauer der Anlagen angenommen*).

Man kann nun für die Sauggeneratoranlagen, wie schon erwähnt, zwar keinen völlig zutreffenden Prozentsatz für die Abschreibung einsetzen, es wird jedenfalls angemessen sein, zum mindesten 8 Prozent in Anrechnung zu bringen, also etwas mehr wie bei den Dampfanlagen, denn die Abnutzung der Gasmotoren ist durch die größeren Drücke, die höhere Umlaufszahl und durch die Natur des Treibmittels offenbar eine etwas größere als bei den Dampfmaschinen.

Für die Gebäude, deren Kosten in den vergleichenden Tabellen mit rd. 60 M. pro qm berechnet sind, wird man naturgemäß einen wesentlich geringeren Abschreibungssatz wählen, derselbe wird in der Regel mit 2 Prozent eingesetzt.

Die Kosten für die Bedienung müssen danach bemessen werden, ob die betreffende Anlage die Arbeitskraft eines Mannes ganz oder nur teilweise beansprucht. Da wir in unserer vergleichenden Zusammenstellung die kleinen Betriebe unter 20 PS außer Betracht lassen, bei denen allenfalls die Bedienungskosten nach dem Stundenlohnsatz berechnet werden können, so kommen zumal bei vollem Tagesbetrieb im allgemeinen die Ausgaben für den Jahresgehalt des Bedienungspersonals in Frage, und man kann hier umsomehr gleiche Posten **Bedienung.**

*) Dabei ist vorausgesetzt, daß, wie es üblich ist, die Beträge der jährlichen Abschreibungen bei der Berechnung als unverzinst angesehen werden. Anderenfalls würde der Prozentsatz entsprechend verringert werden können.

bei beiden Betriebssystemen einsetzen, als die Gasmaschinen und Generatoren von durchaus geübten Maschinisten bedient werden müssen, die mit den verschiedenen Verrichtungen beim Betriebe dieser Anlagen genau vertraut sind. (Vergl. Anhang 3.) Daß die Bedienung großer Sauggasanlagen einfacher und leichter sei, wie diejenigen gleich großer Dampfanlagen, kann wohl nicht behauptet werden. Bei kleineren und mittleren Dampfanlagen, wo Kessel und Maschine nahe bei einander liegen, also erst recht bei Lokomobilen kann man gut mit einem Mann auskommen. Bei größeren Anlagen sind event. Hilfskräfte nach Stundenlohn zu berücksichtigen.

In den aufgestellten Vergleichstabellen ist als Durchschnittsgehalt für einen Maschinisten der Betrag von 1400 M. pro Jahr eingesetzt, wie er den gegenwärtigen Verhältnissen entspricht. Eine Erkundigung in einer Fabrik, in der eine 60 PS Sauggasanlage mit 9stündigem Tagesbetrieb aufgestellt ist, ergab, daß mit ihrer Bedienung ein Mann ausschließlich beschäftigt ist bei einem Wochenlohn von 28 M., was einem Jahresgehalt von 1450 M. entspricht. Für Anlagen unter 60 PS sind etwas geringere Jahresziffern für Bedienung eingesetzt, da hier der Maschinist teilweise noch Nebenarbeiten verrichten kann.

Schmier- und Putzmaterial.

Der Öl- und Putzmaterialverbrauch der Gasmotoren ist, namentlich was Cylinderöl anbetrifft, im allgemeinen höher als derjenige der Dampfmaschinen, da die höheren Pressungen, Temperaturen und auch die Beschaffenheit des Treibmittels dies bedingen. Es ist daher gerechtfertigt, etwas höhere Posten auf Seiten der Gasmaschinen einzusetzen. Diese Ziffern entsprechen im allgemeinen den von den Gasmotorenfabriken angegebenen Werten und sind im Betrieb nachgewiesen, wenn hier auch gewisse Schwankungen vorkommen können, je nach dem Grade der Wiederbenutzung durch Reinigung des Maschinenöles. Für Putzmaterial ist beiderseits ein Betrag von 0,1 Pf. pro PS und Stunde angesetzt worden.

Reparaturen, Instandhaltung und Ersatz.

Zum Posten „Reparaturen, Instandhaltung und Ersatz“ ist zu bemerken, daß man hier mit 3 (4)*) Prozent vom Kapitalwert der Maschinen ungefähr den richtigen Betrag erhalten dürfte. Für den Ersatz von Packungs- und Dichtungsmaterial der Dampfmaschinen, — die Anwendung von Metallpackungen bei Dampfmaschinen macht eine Erneuerung des Packungsmaterials erst nach jahrelangem Gebrauch erforderlich — kann man bei den Gasmaschinen, wo im allgemeinen weniger Packungsmaterial verbraucht

*) Die in ( ) stehende Zahl bezieht sich auf die Sauggasanlagen, die aus schon genannten Gründen höher angesetzt werden mußte.

wird, die Erneuerung von Reinigungsmaterial in den Wäschern und Reinigern als Äquivalent ansehen. Für Reparaturen usw. der Fundamente, Gebäude und Schornsteine setzen wir 2 Prozent ein.

Beleuchtung und Versicherung.

Für Beleuchtung der Maschinenräume in den Morgen- und Abendstunden ist beiderseits ein gleicher, der Größe der Anlagen entsprechender, Pauschalbetrag eingesetzt. Für die Feuerversicherung wurde wie üblich der Satz 1,4 $^0/_{00}$ der Anlagekosten berechnet. Diese beiden Rubriken werden häufig bei Rentabilitätsberechnungen weggelassen, gehören aber zweifellos zur Betriebskostenberechnung.

Wasserersatz.

Für Wasser muß man bei beiden Betriebssystemen einen Posten mit einstellen, da selbst im Falle des Vorhandenseins einer Rückkühlanlage*) oder eines Brunnens für den Ersatz bezw. die Hebung und Zuführung des Betriebswassers (Speisewasser und Kühlwasser) Aufwendungen zu machen sind. Dieselben werden sehr verschieden sein, je nachdem das Wasser am Betriebsort vorhanden ist (Brunnen, Kühlteich, fließendes Wasser) oder aus einer künstlichen Wasserleitung entnommen wird. Im letzteren Falle wird man immer eine Wiederbenutzung durch Rückkühlung einrichten, so daß der Bedarf an Frischwasser sich lediglich auf den Ersatz des verdunsteten bezw. im Generator und den Reinigungsapparaten verbrauchten Wassers erstreckt. Die Frage des Wasserersatzes ist in jedem Einzelfalle besonders zu prüfen und es kann daher in die Vergleichstabellen nur ein mehr oder weniger abgeschätzter Betrag eingestellt werden, den wir so bemessen wollen, daß für den Ersatz an Verdampfer-, Kühl- und Reinigungswasser der Gasanlage 2,5 l pro PS und Stunde, für Speise- und Kühlwasserersatz der Dampfanlage 8 l pro PS - Stunde gesetzt wird, was mithin für die Dampfanlage einen Mehrbetrag ergiebt. Als Einheitspreis für den cbm gehobenes Wasser wurde wie üblich 5 Pfennig gesetzt. Zu bemerken ist, daß bei Verwendung von Leitungswasser zum Kesselspeisen auch das Kühlwasser für die Kondensation bezw. dessen Ersatz oft der Leitung entnommen werden muß, und das Kondensat nach der jetzt durchführbaren Trennung von dem im Abdampf enthaltenen Cylinderöl, welches dann nochmals als Zusatz zum Maschinenöl verwendet werden kann, wieder als Speisewasser benutzt wird.

Da das Kondensat zur Kesselspeisung wieder gebraucht werden

*) Da angenommen wurde, daß bei den Anlagen Betriebswasser vorhanden ist, sind in den Vergleichstabellen Ausgaben für Rückkühlanlagen beiderseits nicht zu machen; dafür sind die oben angegebenen Posten für Wasserförderung (bezw. Ersatz) eingesetzt worden.

soll, so ist eine Reinigung der geringen Zusatzwassermenge nicht nötig und deshalb keine Wasserreinigungsanlage vorgesehen.

Reinigung und Revision.

Für das Reinigen und Revidieren der Kesselanlagen ist in die Vergleichstabellen ein Betrag eingesetzt worden, welchem bezüglich der Sauggasanlagen ein entsprechend kleinerer Betrag für das außer der Betriebszeit vorzunehmende Reinigen von Generatoren, Leitungen und Motoren gegenüberzustellen ist.

Vorteile der Vereinigung von Kraft- und Heizbetrieb bei Dampfanlagen.

Hier bietet sich Gelegenheit, eine wichtige Frage zu streifen, die für die Wirtschaftlichkeit des Dampfbetriebes von einschneidender Bedeutung ist. In vielen Fällen wird bekanntlich der Abdampf von Maschinen (ohne Kondensation) zu Heiz- und Kochzwecken benutzt und es wird durch die Ausnutzung des größten Teiles der im Abdampf enthaltenen Erzeugungswärme zu den genannten Zwecken ein gewaltiger Faktor in die Rentabilität des Betriebes hineingebracht.

Benutzt man z. B. bei einer Dampfanlage im Winter unter Verzicht auf Kondensation den Abdampf zur Heizung der Fabrik und es geht das Kondenswasser aus der Heizungsanlage mit 70 Grad Celsius wieder als Speisewasser in den Dampfkessel, so ergibt sich bei einem Kesselwirkungsgrad von 70 Prozent einschließlich aller sonstigen Abkühlungsverluste von Rohrleitung und Maschine, eine wirtschaftliche Ausnutzung des Brennstoffes von etwa 65 Prozent. Dieser Fall der Anwendung des Dampfbetriebes kann wohl mit Recht dem von den Gasmotorenfabriken als günstig hingestellten Gasbetrieb eines mit Gas- und Wasserwerk kombinierten Elektrizitätswerkes an die Seite gestellt werden, ja er übertrifft hinsichtlich der Ausnutzung des Brennstoffes den Gasbetrieb bei dem eine solche Benutzung der Abwärme nicht möglich ist um über 200 Prozent. Es liegt auf der Hand, daß in einem solchen Falle der Gasmotorbetrieb nicht im Entferntesten wirtschaftlich mit der Dampfanlage konkurrieren kann, weil wegen der Verschmutzung der Rohrleitungen bezw. Heizkörpersysteme durch die Abgase, wegen der geringeren Wärmemenge derselben und des geringen Wärmeübergangkoeffizienten zwischen Gas- und Rohrwandungen eine Benutzung derselben zu Heizzwecken bis jetzt kaum möglich ist. In den Rentabilitätstabellen ist dieser Fall der Heizmöglichkeit mit Abdampf übrigens nicht mit berücksichtigt, doch mußte hier wenigstens darauf hingewiesen werden. Da man einwenden könnte, daß der Auspuffbetrieb (im Winter) ja einen größeren Brennstoffverbrauch bedinge, mithin unwirtschaftlich sei, so ist zubemerken, daß dies nicht zutrifft, weil man ja bei Kondensationsbetrieb zum Heizen dann besonderen Dampf erzeugen müßte, der annähernd die gleiche Brennstoffmenge erforderte, wie der erst in der Dampfmaschine wirkende und dann entspannt in das Heizsystem eintretende Arbeitsdampf. Die Maschine wirkt in diesem Falle ähnlich wie das Reduktionsventil in einer Hochdruckdampfleitung und wir gewinnen dabei die dem Spannungsgefälle entsprechende Nutzarbeit. Ein Projekt für ein Eisenbahnwerkstatt-Elektrizitätswerk mit Heizanlage, bei welchem eingehend diese Frage erörtert wurde, ergab für den Fall des Winterbetriebes mit Abdampfheizung, also ohne Kondensation, wie zu erwarten war, einen Minderbetrag der gesamten Betriebskosten gegenüber dem durchgängigen Kondensationsbetrieb und besonderer Heizung. Interessant ist auch die Tatsache, daß in einer großen städtischen Badeanstalt durch Verwendung des Kondensats der Dampfmaschinen des benachbarten Elektrizitätswerks zu Heiz- und Badezwecken in einem Jahre 8000 M. an Brennstoff gespart worden sind, gewiß eine neue und aussichtsreiche Benutzung von Abwärme bei Dampfkraftanlagen. Die Ausnutzung der Abwärme der städtischen Elektrizitätswerke in Dresden zu Zentralheizzwecken wird gegenwärtig von den zuständigen Behörden ernstlich ins Auge gefaßt. Hier steht also dem Dampfbetrieb in ökonomischer Beziehung noch ein reiches Feld offen.

Brennstoffkosten.

Wir kommen nun zur Besprechung des Aufwandes für den Brennstoff, und dieser wichtige Teil der Betriebskosten erfordert eine etwas eingehendere Betrachtung. Man ist jetzt fast allgemein dazu übergegangen, auch bei Dampfanlagen den auf die PS-Stunde entfallenden Verbrauch an Brennstoff der Beurteilung der Ökonomie der ganzen Anlage zugrunde zu legen, während früher oft einseitig die Frage nach dem Dampfverbrauch*) im Vordergrund stand. Wenn nun auch der Dampfverbrauch bezw. der äquivalente Wärmeverbrauch für die kalorische Leistungsfähigkeit der Maschine gewiß einen Maßstab abgibt, so sagt derselbe nicht auch, wie ökonomisch die Dampferzeugungsanlage arbeitet. Man ist nun nach dem Vorgange bei den Gaskraftmaschinen auch bei den Dampfanlagen mit Recht dazu übergegangen, in erster Linie nach dem Wärmeverbrauch auf den Brennstoff bezogen zu fragen und kann so direkt die Wärmeökonomie verschiedener Anlagen miteinander vergleichen. Es muß jedoch darauf hingewiesen werden, daß der Vergleich der Brenn-

*) Seit allgemeiner Einführung des überhitzten Dampfes ist selbst zur Vergleichung der Dampfökonomie die Angabe des Dampfverbrauchs nicht mehr ausreichend wegen der durch verschiedene Überhitzungsgrade und Dampfdrücke ungleichen Beträge der Dampfwärmen. Man gibt daher neuerdings vielfach den auf trocken gesättigten Zustand reduzierten Dampf — bezw. den Wärmeverbrauch pro PS-Stunde in WE (Wärmeeinheiten) an.

stoffwärmeverbrauchsziffern allein für die Beurteilung der Wirtschaftlichkeit nicht hinreichen würde, wenn man nicht gleichzeitig den für 1 kg bezw. für die WE im Brennstoff aufgewendeten Geldbetrag mit in Betracht zieht. Es ist nämlich denkbar, daß eine Maschine pro PS-Stunde 3000 WE eines Brennstoffs vom Preise 2 Pf. pro 10 000 WE, eine zweite von anderem System dagegen pro PS-Stunde nur 2700 WE eines Brennstoffes vom Preise 2,5 Pf. pro 10 000 WE verbraucht. Sind nun beide Maschinensysteme an die bestimmte Brennstoffart gebunden, so ist nicht die kalorisch beste die wirtschaftlichste, sondern einfach diejenige, welche pro PS-Stunde am wenigsten Kosten für den verbrauchten Brennstoff verursacht. In unserem Beispiele wird dies die erste Maschine sein, die zwar 3000 WE aber nur 0,6 Pf., während die andere nur 2500 WE aber 0,675 Pf. pro PS-Stunde erfordert. Dieser Fall kommt nun in der Praxis der Dampf- und Gasmaschinen vor. Wir werden sehen, daß es Brennstoffe gibt, die aus gewissen Gründen für ein Maschinensystem am besten geeignet sind, bei denen aber die WE mehr kostet als bei anderen Brennstoffen, die für dieselbe Maschine ungeeignet, dagegen für ein anderes Betriebssystem geeignet sind. Hier spielt der Preis der verschiedenen in Frage kommenden Brennstoffe eine Hauptrolle und gibt die beistehende Tabelle 2 eine auf Grund eingehender Erhebungen aufgestellte Übersicht der Preise verschiedener Brennstoffe, wie sie im Herbst 1903 für 14 verschiedene Orte Deutschlands Geltung hatten.*) Die Preise sind frei Bahnhof des betreffenden Ortes zu verstehen und beziehen sich auf je 10 000 kg (Doppellader). In der Tabelle sind gleichzeitig auch die Heizwerte angeführt, und schließlich die Preise auf die Einheit von 10 000 WE umgerechnet, woraus hervorgeht, daß bei verschiedenen Brennstoffen der Preis der Wärmeeinheit an ein und demselben Ort sehr schwanken kann, was in der Hauptsache von den Entfernungen d. h., Frachten zwischen Werk und Verwendungsort abhängt. Man hat daher erst zu überlegen, wie sich die Brennstoffkosten für ein zu wählendes Maschinensystem inbezug auf das dafür bestgeeignete Brennmaterial stellen. Wir werden aber sehen, daß z. B. gegenwärtig bei den Sauggasanlagen, welche bis jetzt noch nicht allgemein mit Braunkohlen oder fetten Steinkohlen betrieben werden können, sondern mit Anthracit oder nicht schlackenden Koks, vielfach wegen der Sauberkeit des erzeugten Gases der zwar teurere, aber für den Betrieb geeignetere englische Anthracit bevorzugt wird, wie mehrfache Erkundigungen bei Be-

*) Für die meisten Orte und Brennstoffe sind eigens hierzu eingezogene Offerten für die Preise zugrunde gelegt.

Tab. 2.

Brennstoffpreise im Herbst 1903.

Ort	Kesselkohle				Anthracit			
	Sorte	prakt. Heizw. WE.	Preis für 10 t Mk.	Preis für 10000 WE. Pfg.	Sorte	prakt. Heizw. EW.	Preis für 10 t Mk.	Preis für 10000 WE. Pfg.
Berlin . .	Niederschl. Steinkohle Viktorgrube	7600	160	2,11	bester Engl. Langenbrahm engl. von Stevenson	8070 7660 7800	370 356 330	4,58 4,65 4,23
Breslau .	Schlesische Steinkohle	6500	71,5	1,10	bester Engl. Niederschles.	8070 7880	390 230	4,83 2,92
Dortmund	Kesselkohle	7000	115	1,64	bester Engl. Langenbrahm	8070 7660	418 210	5,18 2,74
Dresden .	Böhmische Braunkohle (per Schiff) Lauchhammer Briketts	5000 4750	56 89,5	1,12 1,88	bester Engl. Rheinischer Olbernhauer	8070 7700 7600	380 266 265	4,71 3,45 3,49
Erfurt . .	Meuselwitzer Braunkohle, Förderkohle Grube Rositz	4050	56	1,38	bester Engl. Langenbrahm	8070 7660	409 290	5,07 3,79
Frankfurt a. M.	Maschinen-kohle	7500	140	1,87	bester Engl. Langenbrahm	8070 7660	458 260	5,77 3,39
Görlitz . .	Niederschl. Kleinkohle Oberschl. Grieskohle	6400	164,5	2,57	bester Engl. Niederschles.	8070 7880	406 300	5,03 3,82
Hannover .	Kesselkohle Oberkirchen-Deister	6500	125	1,92	bester Engl. Vereinigt Wiesche	8070 8000	832 225	4,73 2,81
Kiel . . .	Kesselkohle	7000	180	2,56	bester Engl. Westfälischer	8070 8000	367 300	4,55 3,75
Köln . .	Industrie-Briketts	5000	70	1,40	bester Engl. Westfälischer	8070 8000	436 228	5,40 2,85
München .	Oberbayr. Förderkohle, II	4200	107	2,55	bester Engl. Langenbrahm	8070 7660	494 336	6,12 4,39
Nürnberg .	Kesselkohle, Jacobi-Agnes	5800	111,8	1,93	bester Engl. Langenbrahm	8070 7660	470 340	5,82 4,44
Stuttgart .	Kesselkohle	7000	210	3,00	bester Engl. Kohlscheider	8070 7820	495 297	6,13 3,80
Wien . .	Ostrauer Förderkohle	7500	148,3	1,98	bester Engl. Budweis	8070 7150	479 298	5,94 4,17

sitzern von Sauggasanlagen ergeben haben. Andererseits macht sich beim Dampfkesselbetrieb gegenwärtig in den Gegenden der erdigen Braunkohle eine steigende Vorliebe für die sogenannten Industriebriketts geltend, die in den letzten beiden Jahren eine ungeahnte Steigerung im Absatz erfahren haben und tatsächlich für einen wirtschaftlichen und gleichzeitig sauberen (rauchschwachen) Betrieb der Kesselanlagen wohlgeeignet sind, wovon der Verfasser sich durch einige Versuche überzeugt hat. Die gegebene Tabelle der Brennstoffe kann natürlich keinen Anspruch auf Vollständigkeit machen, sie soll nur für die angeführten Orte Beispiele erbringen und zur Orientierung dienen.

Man sieht daraus, wie wenig zutreffend die Angaben über Anthracitpreise in manchen Prospekten von Sauggasmotorenfabrikanten sind, wenn z. B. angegeben wird, daß ein Sauggasmotor mittlerer Größe für eine eff. PS-Stunde 0,4 kg Anthracit von ca. 8000 WE verbraucht, was bei einem Preise desselben von 200 M. für 10 000 kg nur 0,8 Pf. ergibt. Gegenwärtig (Herbst 1903) kostet Anthracit von 8000 WE 300—400 M. pro 10 000 kg im Mittel, je nachdem deutsches oder bestes englisches Material gewählt wird. Die billigeren Sorten sind wie schon erwähnt, vielfach zugunsten der für den Betrieb vorteilhafteren, teureren verworfen worden. Mithin würde sich obige Zahl von 0,8 Pf. schon ohne Berücksichtigung des Zuschlages auf 1,2—1,6 Pf., also um 50—100 Prozent höher stellen.

Der Vergleich der Wärmeverbrauchsziffern ist allein nicht ausschlaggebend für die Beurteilung der Brennstoffbetriebskosten.

Was den reinen Wärmeverbrauch der hier verglichenen Kraftmaschinenanlagen anbetrifft, gemessen im Brennstoff und bezogen auf die effektive PS-Stunde, so muß rückhaltlos anerkannt werden, daß hier die Kraftgasmaschinen den besten Dampfmaschinen einschließlich Heißdampfmaschinen und Dampfturbinen überlegen sind. Es hat dies einfach seinen Grund darin, daß bei den Gasmaschinen der Umweg über die Dampferzeugung wegfällt (abgesehen von der sekundären, d. h. zusätzlichen Dampferzeugung zu Zwecken der Kraftgasherstellung), mithin der Abwärmeverlust hier geringer ist, als bei Dampfmaschinen. Nun haben die Gaskraftanlagen aber ebenfalls große Wärmeverluste (Kühlwasserwärme, Abgaswärme, Abkühlung des Generators) und dadurch läßt sich erklären, weshalb sie im Durchschnitt immer noch weniger als $1/4$ der im Brennstoff enthaltenen Wärme in effektive Arbeit umsetzen und in dieser Beziehung z. B. hinter dem Dieselmotor zurückstehen. Wie schon hervorgehoben, kommt es aber bei Beurteilung der Wirtschaftlichkeit nicht so sehr auf den Brennstoffverbrauch, sondern auf die Brennstoffkosten pro PS und Stunde an, welche durchaus nicht im gleichen Verhältnis mit ersterem zu fallen oder zu steigen brauchen. Daß beim Dampfbetrieb das

Bild der Brennstoffausnutzung sich sofort wesentlich ändert, wenn der Abdampf der Maschine zu Heiz- und anderen Betriebszwecken benutzt wird, ist schon oben (S. 26) betont worden.

Beispiele von Dampfanlagen bester Wärmeökonomie.

Nachstehend sind einige Resultate zusammengestellt, welche den bei mittleren Leistungen heute erzielten Mindestverbrauch an Dampf- bezw. Wärme erkennen lassen und sind die Ausnutzungsgrade und Brennstoffkosten pro PS eff. und Stunde berechnet auf Grund der jetzt erreichten Wirkungsgrade*) und unter Annahme zweier Einheitspreise für den Brennstoff. (Vergl. Tabelle 2, S. 29).

Versuchsleiter, Versuchsjahr und indic. Leistung	Dampftemperatur an der Maschine	Dampfverbrauch pro PSi.	Wärmeverbrauch pro PSi. u. St. dem Brennstoff entnommen (Speisewassertemp. 35°)	Ausnutzung der Brennstoffwärme bei einem Gesamtwirkungsgrad der Anlage von 65 pCt. bez. auf die effekt. Leistung (ohne Zuschlag)	Kohlenverbrauch pro PSe. u. St. inkl. 12 pCt. Zuschlag (Steinkohlen von 7500 WE)	Brennstoffkosten pro PSe. u. St. inkl. 12 pCt. Zuschlag, bei einem Preis von: 170 Mk. für 10 t (Steinkohle von 7500 WE, also 2,27 Pf. für 10000 WE)	56 M. für 10 t (Braunkohle von 5000 WE, also 1,12 Pf. für 10000 WE)
	° C.	kg	WE	%	kg	Pf.	Pf.
L. Lewicki 1901 120 PS	330	4,85	3360	12,2	0,77	1,33	0,65
Schröter & Koob 1902 215 PS	353	4,03	2860	14,5	0,65	1,12	0,55
L. Lewicki 1897 260 PS	350	4,00	2830	14,8	0,64	1,09	0,54
Freytag 1903 rd. 1000 PS	230	4,18	2710	15,3 **)	0,61	1,04	0,50

Es sind Versuche von L. Lewicki (Dresden), Schröter & Koob (München) und Freytag (Chemnitz) an neueren Verbunddampfmaschinen-Anlagen und zeigen wie sehr die Dampf- bezw. Wärmeökonomie durch die Anwendung der Überhitzung gesteigert worden ist. Wenn man aus diesen Versuchen, welche sich auf die indizierte Leistung und den Dampfverbrauch beziehen, auf die Ausnutzung des Brennstoffes in effektiver Leistung schließt, so ergeben sich Zahlen, welche dem günstigen Resultat der großen 3000 PS-Maschinen des Berliner Elektrizitätswerkes „Oberspree" nahe kommen, obwohl es sich nur um Leistungen von rund 120—1000 PSe. handelt.

*) Es ist für alle 4 Versuche ein und derselbe Gesamtwirkungsgrad (Kessel, Dampfzuleitung und Maschine) von 0,65 und 12stündiger Tagesbetrieb angenommen worden, um den Vergleich zu erleichtern.

**) Vergl. hierzu das Seite 3 erwähnte Resultat (15,2 %) bei einer 40 PSe-Lokomobile.

Die Zahlen dieser Tabelle zeigen, wie weit man gegenwärtig bei Dampfmaschinenanlagen mit den Brennstoffkosten (bei zwölfstündigem Tagesbetrieb einschl. Zuschlag) herunter kommen kann, wobei ein Einheitspreis von 170 M. bezw. 56 M. (s. Tabelle 2 unter Dresden) pro 10 000 kg zugrunde gelegt ist, entsprechend Steinkohle von 7500 WE, bezw. Braunkohle von 5000 WE.

Neue Rentabilitätstabellen für Dampf- und Sauggasbetrieb.

Zur Klarstellung darüber, wie sich unter den im Vorstehenden entwickelten Gesichtspunkten die Betriebskosten von modernen Dampfanlagen im Vergleich mit Sauggasanlagen stellen, dient die Tabelle 1. Derselben sind für einen zwölfstündigen Tagesbetrieb bei 300 Arbeitstagen im Jahre folgende besondere Bedingungen zugrunde gelegt worden:

1. Die Preise sind mittlere Offertpreise vom Herbst 1903 für doppeltwirkende Kondensationsdampfmaschinen von 20 bis 300 PS eff. normaler Leistung (von 75 PS ab zweistufige Expansion) und Betrieb mit mittlerer Dampfüberhitzung (Dampftemperatur an der Maschine 250—280° C.) einschl. Montage, Verpackung und Fracht für 200 km Entfernung. Die Gasmotoren über 100 PS sind mehrzylindrig.
2. Der Ungleichförmigkeitsgrad der Schwungräder beträgt rund 1 : 150 bei Dampf —, rund 1 : 60 bei den Gasmotoren.
3. Die Gebäudekosten sind mit 60 M. pro qm Grundfläche berechnet.
4. Die Gasmotorfundamente stellen sich etwas teurer als diejenigen von Dampfmaschinen gleicher Normalleistung infolge der größeren Abmessungen und Gewichte der Gasmotoren.
5. Für die jährlichen Brennstoffkosten sind folgende Preise eingesetzt worden:
   a) für Dampfmaschinen Steinkohle von 7500 WE zu 170 M. pro 10 000 kg, also 10 000 WE zu 2,3 Pf.
   b) für Sauggasanlagen westf. Anthracit von 8000 WE zu 300 M. pro 10 000 kg, also 10 000 WE zu 3,75 Pf.*) Dieser Preis (300 M.) ist auch in der eingangs besprochenen Broschüre über Gaskraftanlagen der Kostenberechnung zugrunde gelegt.

Die Preise gelten für mitteldeutsche Verhältnisse, (Herbst 1903).

---

*) Von der Verwendung von Koks beim Sauggasbetrieb wird vielfach abgesehen, da an den meisten Orten hierzu geeigneter Koks kaum billiger ist als Anthracit und überdies der Koks, dem Mehrverbrauch von über 20 % entsprechend, größere Generatoren, also höhere Anlagekosten erfordert.

6. Die Anheiz- bezw. die Abkühlungsverluste*) sind bei den Dampfanlagen mit 12 Prozent, bei den Gasanlagen mit 15 Prozent des gesamten Brennstoffaufwandes im Beharrungszustande bemessen.
7. Bei den Dampfanlagen ist für die Bemessung des garantierten Brennstoffverbrauchs pro PSe u. St. bei mittlerer Überhitzung (Dampftemperatur 250—280°) ein Gesamtwirkungsgrad der Kesselanlage (einschließlich Dampfzuleitung) von nur 70 Prozent bei einer Speisewasservorwärmung auf 80° vorausgesetzt. Die Vorwärmerkosten sind bei den Anlagepreisen berücksichtigt. Außerdem wurden für Verzinsung, Amortisation, Bedienung usw. die schon gemachten Angaben benützt; die einzelnen Sätze dafür sind aus der Tabelle 1 ersichtlich.

Da neben den weniger zahlreichen Betrieben unter 10 Tagesstunden viele Industriebetriebe 10 und mehrstündigen Tagesbetrieb haben (18, 22 bis 24stündiger Betrieb bei 300 Arbeitstagen kommen häufig vor), so wurde für den Vergleich ein 12stündiger Tagesbetrieb als Mittelwert gewählt. Um zu zeigen, daß diese anscheinend hohe Betriebszeit nicht zu Gunsten der einen oder der anderen Betriebsart gewählt wurde, sind auf Tabelle 3 für eine 100 PS-Anlage auch die Gesamtbetriebskostenziffern für nur 6stündigen Tagesbetrieb angegeben, welche sich nahezu um gleiche Prozentsätze erhöhen. Hierbei wurden folgende Positionen der Tabelle 1 unter B (Betriebskosten), der Betriebszeit entsprechend geändert:

	100 PS-Anlage	
	Dampf normal 73 PSe	Sauggas normal 100 PSe
	Mk.	Mk.
Reparaturen und Instandhaltung der Maschinen	294	540
Bedienung	1080	1080
Beleuchtung fällt fort	—	—
Schmier- und Putzmaterial	580	725
Speise- und Kühlwasserverbrauch (Ersatz) . .	72	23

Zum garantierten Brennstoffverbrauch wurde ein Zuschlag von 20 Prozent für beide Betriebsarten angenommen.

Die Tabelle 3 zeigt nun die Betriebskosten für eine 100 PS.-Anlage (73 PS. bei der Dampfanlage) bezogen auf die Brennstoffpreise in 14 verschiedenen Städten Deutschlands, um ein Bild zu geben von den hierbei auftretenden Unterschieden an den einzelnen

*) Vergl. S. 4.

Vergleichende Betriebskostenberechnung für Dampf- und stunden im Jahre (300 Tage

	Gleiche Normalleistung.									Gleiche Maximal- (rd. 90%)
	I. Dampfmaschinen. Maximal-Leistung 50% höher.					II. Sauggas-Motor-Anlagen. Maximal-Leistung 10% höher				
	PSe									
Maximale Dauerleistung .	37,5	75	150	225	450	27,5	55	110	165	330
Normal-Leistung	25	50	100	150	300	25	50	100	150	300
Betriebs-Leistung . . .	25	50	100	150	300	25	50	100	150	300
A. **Anlagekosten:**	Mk.									
Maschine bezw. Motor .	4700	7800	12600	15200	29000	6800	11900	17900	28900	46000
Kessel- bezw. Generator-Anlage	3450	5700	8300	9800	17400	3200	5150	7500	9100	17000
Rohrleitungen u. Pumpen	600	1000	2000	3000	4400	600	950	1600	2400	3600
Kesselmauerwerk, Schornstein	2375	3750	5700	6650	8750	—	—	—	—	—
Maschinen-Fundament .	175	250	350	450	900	200	300	400	500	1000
Gebäude	3600	4200	7200	9000	14000	3600	4200	7200	9000	14000
Summe A.	**14900**	**22700**	**36150**	**44100**	**74150**	**14400**	**22500**	**34600**	**49900**	**81600**
B. **Betriebskosten:**	Mk.									
Verzinsung 4%	596	910	1446	1764	2978	576	900	1384	1996	3260
Abschreibung:										
Maschinen 7% (8%)*)	613	1015	1600	1960	3556	848	1440	2160	3232	5328
Gebäude etc. . . 2%	123	164	265	322	473	76	90	152	190	300
Reparat. u Instandhaltung:										
Maschinen . 3% (4%)	263	435	687	840	1525	424	720	1080	1630	2660
Gebäude etc. . . 2%	123	164	265	322	473	76	90	152	190	300
Feuerversicherung 1,4‰	21	32	51	62	104	20	32	49	70	120
Bedienung	1000	1200	1800	2500	3600	1000	1200	1800	2500	3600
Kesselreinigung, Revision bezw. Reinigung der Sauggasanlage	72	80	90	100	120	10	15	30	45	85
Beleuchtung (elektrisch)	50	74	112	140	210	50	74	112	140	210
Schmier- und Putzmaterial	375	680	1160	1460	2100	520	850	1450	1825	2500
Speise- und Kühlwasserverbrauch (Ersatz) . .	36	72	144	216	432	11	23	45	68	135
Brennstoff mit Zuschlag für Abbrand und Anheizen	2150	3370	5200	7320	13550	1510	2790	5090	7270	14160
Summe B.	**5422**	**8196**	**12820**	**17006**	**29121**	**5121**	**8224**	**13504**	**19156**	**32658**
*) Die in () stehenden Zahlen beziehen sich auf Sauggasanlagen.										
Garant. Kohlenverbrauch für 1 PS e/st. (ohne Zuschlag für Abbrand und Anheizen*) . kg	1,25	0,98	0,76	0,71	0,66	0,50	0,45	0,41	0,39	0,38
Brennstoffkosten für 1 PS e./st. (ohne Zuschlag für Abbrand u. Anheiz.) Pfg.	2,13	1,67	1,29	1,21	1,12	1,50	1,35	1,23	1,17	1,14
Gesamte Betriebskosten für 1 PS e./st. . . . Pfg.	**6,02**	**4,55**	**3,56**	**3,15**	**2,70**	**5,69**	**4,57**	**3,75**	**3,55**	**3,02**
*) Bei Anwendg. v. Heissdampf (350°) u. Kondensation wird der garantierte Kohlenverbrauch für 1 PS e./st. angegeben:										
Anlage { Kessel u. Maschine getrennt . . . . kg	1,00	0,72	0,69	0,67	0,65					
Anlage { lokomobil „	0,68	0,66	0,66	0,63	0,62					

Tab. 1.

Sauggas-Anlagen von 20 bis 300 PS bei 3600 Betriebs- zu 12 Arbeitsstunden).

und gleiche Betriebsleistung der Maximalleistung)					**Gleiche Maximal- und gleiche Betriebsleistung** (rd. 70 % der Maximalleistung)									
III. **Dampfmaschinen.** 37 % über Normal-Leistung beansprucht					IV. **Sauggas-Motor-Anlagen** nach Spalte II, $^3/_4$ **normal belastet**					V. **Dampfmaschinen** nach Spalte III, **annähernd normal belastet**				
27,5	55	110	165	330	27,5	55	110	165	330	27,5	55	110	165	330
18	37	73	110	220	25	50	100	150	300	18	37	73	110	220
25	50	100	150	300	18,8	37,5	75	112,5	225	18,8	37,5	75	112,5	225
3500	6500	11100	14200	23500										
2450	4700	6800	8500	14900										
500	850	1700	2400	3500	siehe unter II					siehe unter III				
2200	3500	5000	5900	8100										
150	200	300	400	800										
3600	4200	7200	9000	14000										
12400	**19950**	**32100**	**40400**	**64800**	**14400**	**22500**	**34600**	**49900**	**81600**	**12400**	**19950**	**32100**	**40400**	**64800**
496	798	1284	1616	2592										
452	844	1372	1757	2933										
119	158	250	306	458										
194	362	588	753	1257										
119	158	250	306	458	siehe unter II					siehe unter III				
17	28	45	57	91										
1000	1200	1800	2500	3600										
72	80	90	100	120										
50	74	112	140	210										
375	680	1160	1460	2100										
36	72	144	216	432	8	17	34	51	101	27	54	108	162	324
2350	3730	5690	7800	14030	1350	2470	4380	6290	12300	1710	2720	4260	5720	10520
5280	**8184**	**12785**	**17011**	**28281**	**4958**	**7898**	**12783**	**18159**	**30663**	**4631**	**7156**	**11229**	**14877**	**24663**
1,37	1,09	0,83	0,76	0,70	0,58	0,53	0,47	0,45	0,44	1,33	1,06	0,81	0,74	0,68
2,33	1,85	1,41	1,29	1,19	1,74	1,59	1,41	1,35	1,32	2,26	1,80	1,38	1,26	1,16
5,86	**4,55**	**3,55**	**3,15**	**2,65**	**7,33**	**5,85**	**4,73**	**4,48**	**3,79**	**6,84**	**5,30**	**4,19**	**3,67**	**3,04**

100 PS-

Dampf- und Saug

3600 Betriebs

	Dampfanlage, kompl., einschl. Fundament, Montage u. Gebäude (s. Tab. 1, III) 32 100 Mk.
Brennstoffverbrauch für 1 PS e./st.	0,83 kg Kesselkohle von 7500 WE. + 12% Zuschlag.
Jahresbrennstoffkosten für	Mk.
Berlin	$\frac{6225}{7600} \cdot 1{,}12 \cdot 3600 \cdot 100 \cdot 0{,}016 = 5280$
Breslau	$\frac{6225}{6500} \cdot 4032 \cdot 0{,}715 = 2760$
Dortmund	$\frac{6225}{7000} \cdot 4032 \cdot 1{,}15 = 4120$
Dresden a)	$\frac{6225}{5000} \cdot 4032 \cdot 0{,}56 = 2810$
" b)	$\frac{6225}{4750} \cdot 4032 \cdot 0{,}895 = 4730$
Erfurt	$\frac{6225}{4050} \cdot 4032 \cdot 0{,}56 = 3470$
Frankfurt a. M.	$0{,}83 \cdot 4032 \cdot 1{,}40 = 4690$
Görlitz	$\frac{6225}{6400} \cdot 4032 \cdot 1{,}645 = 6450$
Hannover	$\frac{6225}{6500} \cdot 4032 \cdot 1{,}25 = 4830$
Kiel	$\frac{6225}{7000} \cdot 4032 \cdot 1{,}80 = 6450$
Köln	$\frac{6225}{5000} \cdot 4032 \cdot 0{,}70 = 3510$
München	$\frac{6225}{4200} \cdot 4032 \cdot 1{,}07 = 6390$
Nürnberg	$\frac{6225}{5800} \cdot 4032 \cdot 1{,}118 = 4840$
Stuttgart	$\frac{6225}{7000} \cdot 4032 \cdot 2{,}10 = 7530$
Wien	$0{,}83 \cdot 4032 \cdot 1{,}483 = 4960$
sonstige Jahresbetriebskosten:	Mk. 7095 (5317)*)

Gesamte Betriebskosten für 1 PS e./st.	Pfg.	Pfg.
Berlin	3,44	(4,53)
Breslau	2,74	(3,78)
Dortmund	3,12	(4,18)
Dresden a)	2,75	(3,79)
" b)	3,28	(4,36)
Erfurt	2,93	(3,99)
Frankfurt a. M.	3,27	(4,35)
Görlitz	3,76	(4,88)
Hannover	3,31	(4,39)
Kiel	3,76	(4,88)
Köln	2,95	(4,00)
München	3,75	(4,85)
Nürnberg	3,32	(4,39)
Stuttgart	4,06	(5,19)
Wien	3,35	(4,43)
		Erhöhung 32,6 %

*) Die in ( ) stehenden Werte beziehen sich auf 1800 Betriebsstunden (300 Tage zu

Anlage.

gas-Anlage.

stunden.

Sauggas-Anlage, kompl. einschliesslich Fundament, Montage u. Gebäude (s. Tab. 1, II) 34 600 Mk.					
bester engl. Anthracit: 0,36 kg von 8070 WE. + 15% Zuschlag.			westfälischer Anthracit: 0,41 kg von 8000 WE. + 15% Zuschlag.		
Mk.	Pfg.	Pfg.	Mk.	Pfg.	Pfg.
0,36 . 1,15 . 3600 . 100 . 0,037 = 5510	3,87	(5,09)	a) $\frac{3280}{7660}$. 1,15 . 3600 . 100 . 0,0356 = 6310 b) $\frac{3280}{7800}$. 4140 . 3,30 = 5740	a) 4,09 b) 3,93	(a) 5,33 b) 5,16)
1408 . 3,9 = 5810	3,95	(5,18)	$\frac{3280}{7880}$. 4140 . 2,30 = 3960	3,44	(4,65)
1408 . 4,18 = 6230	4,07	(5,30)	$\frac{3280}{7660}$. 4140 . 2,10 = 3720	3,37	(4,58)
1408 . 3,8 = 5660	3,91	(5,14)	a) $\frac{3280}{7700}$. 4140 . 2,66 = 4690	a) 3,64	(4,86)
— — —	—	(—)	b) $\frac{3280}{7600}$. 4140 . 2,65 = 4730	b) 3,65	(4,87)
1408 . 4,09 = 6090	4 03	(5,26)	$\frac{3280}{7660}$. 4140 . 2,90 = 5140	3,77	(4,99)
1408 . 4,58 = 6830	4,23	(5,48)	$\frac{3280}{7660}$. 4140 . 2,60 = 4610	3,62	(4,83)
1408 . 4,06 = 6050	4,02	(5,25)	$\frac{3280}{7880}$. 4140 . 3,00 = 5170	3,77	(5,00)
1408 . 3,82 = 5690	3,92	(5,15)	0,41 . 4140 . 2,25 = 3813	3,40	(4,58)
1408 . 3,67 = 5470	3,86	(5,08)	0,41 . 4140 . 3,00 = 5090	3,75	(4,97)
1408 . 4,36 = 6500	4,14	(5,38)	0,41 . 4140 . 2,28 = 3870	3,41	(4,62)
1408 . 4,94 = 7360	4,38	(5,63)	$\frac{3280}{7660}$. 4140 . 3,36 = 6960	3,99	(5,23)
1408 . 4,70 = 7000	4,28	(5,53)	$\frac{3280}{7660}$. 4140 . 3,40 = 6030	4 01	(5,24)
1408 . 4,95 = 7380	4,39	(5,64)	$\frac{3280}{7820}$. 4140 . 2,97 = 5160	3,77	(4,99)
1408 . 4,79 = 7140	4,32	(5,56)	$\frac{3280}{7150}$. 4140 . 2,98 = 5660	3,91	(5,14)
8414 (6295)*)		Erhöhung 30,0 %	8414 (6295)*)		Erhöhung 32,8 %

Arbeitsstunden).

Orten. Für die Sauggasanlage wurden 2 verschiedene Anthracitpreise der Rechnung zugrunde gelegt, einmal für besten englischen, welcher im Beharrungszustand des Betriebes mit 0,36 kg pro PSe. und St. einzusetzen ist, andererseits für solchen Anthracit, wie er am Ort am billigsten zu haben war mit einer garantierten Verbrauchsziffer von 0,41 kg (ohne Zuschlag). Es ergab sich, daß bei Verwendung des erstgenannten Anthracits in sämtlichen Orten die Betriebskosten der Dampfanlage geringer sind als bei der Sauggasanlage, während bei Verwendung des billigeren Anthracits nur in Kiel und Stuttgart die Sauggasanlage im Vorteil ist.

Nur Anlagen gleicher Maximalleistung sind zu vergleichen.

In den Spalten I und II der Tabelle 1 sind Anlagen gleicher Normalleistung bei Annahme normaler Betriebsleistung verglichen, wie es bisher immer geschehen ist. Um jedoch die verschieden hohe Überlastungsfähigkeit beider Betriebsarten zu berücksichtigen, wurden Vergleiche für Maschinen von gleicher Maximalleistung (Tab. 1 unter II u. III)*) angestellt und zeigt hier das Endresultat deutlich, daß gegenwärtig moderne Dampfanlagen hinsichtlich der Wirtschaftlichkeit des Betriebes von einer Normalleistung von rd. 40 PS. an den Sauggasanlagen überlegen sind. Daraus ergiebt sich z. B. für die 100 PS.-Anlage (vergl. Tabelle 1 unter III) bei Aufstellung einer Dampfanlage von nur 73 PSe. Normalleistung eine Ersparnis an Betriebskosten von 719 M. gegenüber der 100 PS. Sauggasanlage (II), während bei Aufstellung einer 100 PS. Dampfanlage (I, Maximalleistung 150 PS), 684 M. Ersparnis erzielt würden.

Die folgende Zusammenstellung zeigt die Unterschiede auch hinsichtlich der auf die PS.-Stunde bezogenen gesamten Betriebskosten.

	Sauggas-anlage	Dampfanlage	
Normalleistung	100 PS.	100 PS.	73 PS.
Maximale Dauerleistung	110 PS.	150 PS.	110 PS.
Betriebsleistung	100 PS.	100 PS.	100 PS.
Garant.-Brennstoffkosten pro PS.-St.	1,23 Pfg.	1,29 Pfg.	1,41 Pfg.
Gesamte Betriebskosten pro PS. e.-St.	3,75 Pfg.	3,56 Pfg.	3.55 Pfg.

*) Bei dem Abnahmeversuch im Elektrizitätswerk in Rothenburg o. Tbr. (1901) wurden an einer 100 PS.-Generatorgasanlage pro PSe. u. St. 0,435 kg Anthracit u. 0,039 kg. Koks verbraucht. Der Preis des Anthracits war 253 M. für 10 t. Die in der Tabelle 3 verwendeten Ziffern entsprechen neueren Versuchen an Sauggasanlagen.

Wie der Verbrauch an Treibmittel bezw. Brennstoff pro PSe-st. bei Gas- und Dampfmaschinen mit wechselnder Belastung sich ändert, davon geben zunächst die beistehenden auf Versuchsergeb-

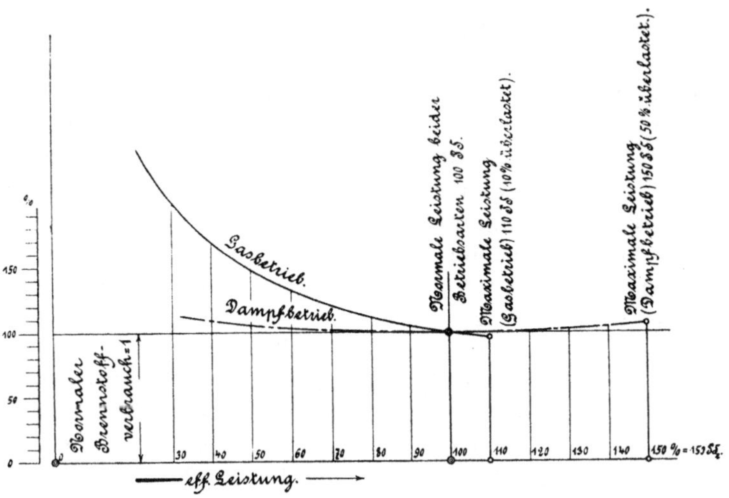

Fig. 1.

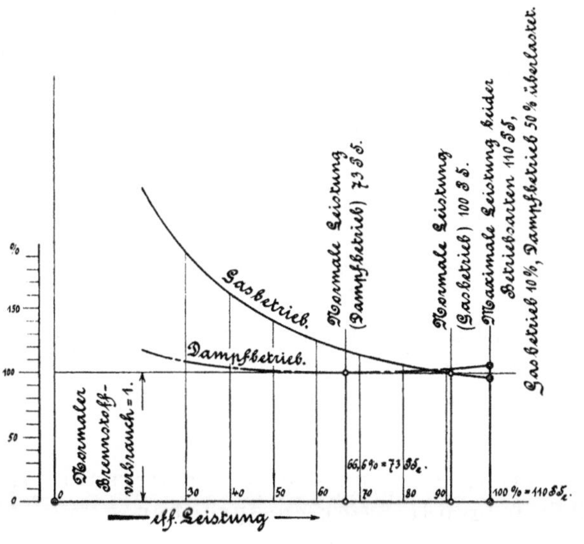

Fig. 2.

nissen beruhenden Diagramme Fig. 1 und 2 deutlich eine Vorstellung. Danach ist bei Dampfmaschinen der Dampf- bezw. Brennstoffverbrauch innerhalb weiter Grenzen der Belastung nahezu konstant (Versuche haben gezeigt, daß auch der Wirkungsgrad einer Dampfkesselanlage innerhalb sehr weiter Grenzen fast genau auf gleicher Höhe bleibt), während der Gasmotor bei höchster Belastung den geringsten Gasverbrauch aufweist, der bei halber Belastung schon um ca. 40 Prozent steigen kann. Daher kann ein Gasmotor, der nicht dauernd vollbelastet läuft, den garantierten Mindestverbrauch an Brennstoff niemals aufweisen. Arbeitet er nur mit $^3/_4$ Belastung, so hat er einen Mehraufwand gegenüber dem garantierten Mindestverbrauch von rund 15 Prozent. Der Dampfmaschine schadet eine solche Minderbelastung viel weniger in der Ökonomie. Dies zeigt namentlich das Diagramm, Figur 2, wo die Kurven so gelegt sind, daß für beide Maschinensysteme die Maximalleistungen in eine Ordinate (Vertikale) zusammenfallen, während bei Figur 1 die normalen Leistungen in einer Ordinate liegen. Dabei ist von Wichtigkeit, daß die Dampfmaschine von gleicher Maximalleistung bei derselben Betriebsbelastung wie diejenige der $^3/_4$ belasteten Gasmaschine annähernd normal belastet ist, mithin hierbei ihren niedrigsten Dampf- bezw. Kohlenverbrauch hat. Aus Tabelle 1 Spalte IV und V ergiebt sich für die 100 PS.-Anlage folgender Vergleich:

	Sauggas-anlage	Dampf-anlage
Normalleistung	100 PS.	73 PS.
Maximale Dauerleistung	110 PS.	110 PS.
Betriebsleistung	75 PS.	75 PS.
Garant.-Brennstoffkosten pro PS.-Stunde	1,41 Pfg.	1,38 Pfg
Gesamte Betriebskosten pro PS.-Stunde	4,73 Pfg.	4,19 Pfg.

Es ist klar, daß hier anstelle einer 73 PS.-Dampfanlage eine solche von 100 PS.-Normalleistung aber nur mit $^3/_4$ hiervon belastet, weit mehr als 4,19 Pfennig pro PSe.-Stunde an Betriebskosten aufweisen würde.

Zusammenfassung der Ergebnisse.

Als Endergebnis dieser Untersuchung kann man nunmehr folgende Sätze aussprechen:

Moderne Dampfkraftanlagen sind unter den vorstehenden Gesichtspunkten in bezug auf die gesamten Betriebskosten billiger als Sauggasanlagen:

1. bei gleicher Normalleistung und normal belastet: von rd. 50 PS. ab (vergl. Tab. 1, I u. II),

2. bei gleicher Maximalleistung und gleicher d. h. der Normalleistung der Sauggasanlage entsprechender Betriebsleistung: von rd. 40 PS. ab (vergl. Tab. 1, II u. III, sowie Fig. 3),
3. bei gleicher Maximalleistung, aber nur mit rd. 70 Prozent derselben belastet: von rd. 20 PS. ab (vergl. Tab. 1, IV u. V, sowie Fig. 3).

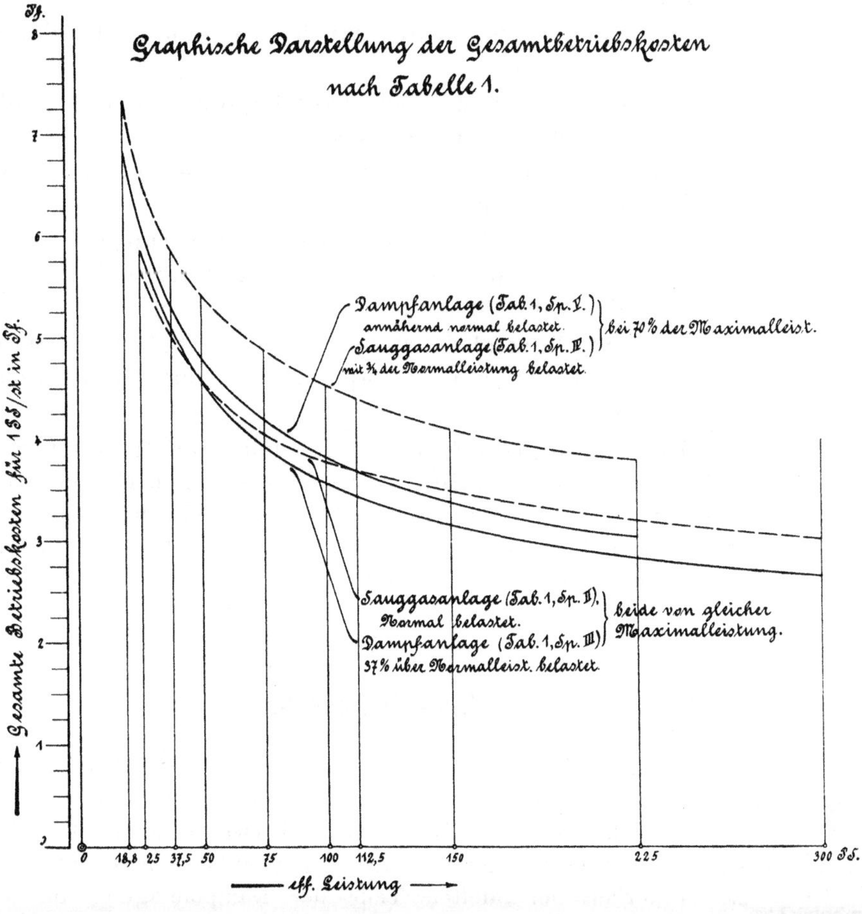

Fig. 3.

Der letzte Fall entspricht durchaus den praktischen Verhältnissen, da Kraftanlagen im regelmäßigen Betriebe fast nie voll belastet werden und nur Anlagen gleicher Maximalleistung in Vergleich gezogen werden dürfen. Bei einer noch geringeren Betriebsleistung, wie sie oft in der Praxis vorkommt, stellt sich der Dampfbetrieb noch günstiger.

Das Diagramm Fig. 3 zeigt die Endresultate der Tabelle 1 in Schaulinien und bedarf keiner weiteren Erklärung.

Ferner geht aus den vorstehenden Darlegungen hervor, daß Sauggasanlagen gegenüber modernen Dampfanlagen weniger geeignet sind:

1. bei stark und rasch wechselnder Betriebsbelastung,
2. da, wo Dampf zu Fakrikationszwecken und zur Heizung benötigt wird,
3. für kontinuirlichen Betrieb wegen der Störung durch Reinigung,
4. für Betriebe, wo die Gasausdünstungen schädlich wirken, wie bei Molkereien, Speise-Kühlanlagen, Krankenhäusern etc.,
5. für Betriebe, welche unter Belastung anlaufen müssen, wie Pumpwerke, Ziegeleien, Zementwerke etc.

Der einsichtige Beurteiler wird aber die Fortschritte, welche auf dem Gebiete der Gasmaschinen erzielt worden sind, niemals verkennen und im einzelnen Falle das Für und Wider bei der zu fassenden Entschließung über die Wahl des Systems objektiv und den jeweiligen Verhältnissen entsprechend abzuwägen haben.

Schlußbemerkungen.

Neuere Fortschritte auf dem Gebiete der Dampferzeugung und Aussichten für die Zukunft des Dampfbetriebes.

Blicken wir noch kurz auf die Fortschritte, welche neuerdings in der Konstruktion und im Betrieb der Dampferzeuger gemacht worden sind, so zeigt sich erfreulicherweise allenthalben das Bestreben, diesem so wichtigen, früher gegenüber den Dampfmaschinen stiefmütterlich behandelten Teile der Dampfanlagen, die höchstmöglichste Sicherheit und Wirtschaftlichkeit zu verleihen. Es muß aber ausgesprochen werden, daß gerade auf dem Gebiete der Ausnutzung der Brennstoffwärme zur Dampferzeugung noch wesentliche Fortschritte zu erhoffen sind. Man strebt eifrig dahin, durch rationellen Einbau der Ueberhitzer, durch Ausnutzung der Abgaswärme in Verbindung mit künstlichem Schornsteinzug und vor allem durch zweckmäßige Feuerungsanlagen den Wirkungsgrad der Dampfkesselanlagen zu heben und man darf die Hoffnung aussprechen, daß die vereinzelt schon überschrittene Zahl 80 Prozent als Durchschnittswert für den Kesselwirkungsgrad in absehbarer Zeit allgemein erzielt werden wird.

Die Anstrengungen, welche zur Hebung der Wirtschaftlichkeit des Dampfbetriebes gemacht werden, sind nicht zuletzt mit den Erfolgen der Gasmaschinen zu danken und so können wir getrost der Zeit entgegensehen, wo beide Betriebssysteme, jedes an seinem Platze, hoffentlich noch auf lange Zeit in friedlichem Wettbewerb nebeneinander dem Wohle der Menschheit dienen werden. Gegenwärtig, wo sich das jüngere System sein Feld erobert, wobei allerdings seine Vertreter mitunter in mehr oder weniger ungerechtfertigter Weise die Fabrikanten von Dampfkraftanlagen durch unzutreffende Reklame schädigen, ist freilich dieser Wettbewerb weniger friedlich gestaltet und es durfte um der Gerechtigkeit willen Einspruch erhoben werden. Die Zeit allein muß hier das letzte Wort sprechen und voraussichtlich wird die altbewährte Dampfkraft bei weiterem Fortschreiten in der bisherigen Weise auch dem 20. Jahrhundert dereinst mit als Wahrzeichen dienen, wozu das Emporblühen der Dampfturbinen im Verein mit dem Heißdampf alle Gewähr leistet. Der hier und da aufgestellte Satz: „Das Zeitalter der Dampfmaschine ist vorüber,“ kann also vorerst noch keine Gültigkeit haben, ebensowenig wie durch die Dampfturbine die Kolbendampfmaschine nun sogleich verdrängt werden wird. Es ist in dieser Hinsicht von Interesse, am Schlusse unserer Betrachtungen einen Abschnitt aus dem gedruckten Jahresbericht (1903) eines der wohl am frühesten mit Generatorgasbetrieb eingerichteten Elektrizitätswerke, desjenigen in Basel, zu zitieren, der einer näheren Erklärung nicht bedarf. Es heißt dort: „Im Laufe des Berichtsjahres wurde eine Vorlage ausgearbeitet für die Aufstellung einer fünften Maschine für eine normale Leistung von 1000 PS. und zwar wurde vorgeschlagen zur Dampfmaschine überzugehen, einerseits, weil man bis jetzt noch keine längeren Erfahrungen im Betrieb so mächtiger Gasmotoren hat, die Einzelheiten der Maschine daher noch eine gewisse Entwicklung durchzumachen haben, andererseits, weil Dampfmaschinen dieser Größe mit den Gasmotoren inbezug auf ökonomischen Betrieb in Konkurrenz treten können,*) da unter den Dampfkesseln bei geeigneter Einrichtung die geringwertigen Abfälle aus der Gas-

*) Wir haben gesehen, daß dies bereits bei weit geringeren Leistungen möglich ist. (Vergl. Tab. 1 u. 3.)

fabrik sich mit verfeuern lassen, während über die Möglichkeit, diese Maschinen in vorzüglicher Ausführung herzustellen, kein Zweifel besteht. Dazu kommt, daß bei Dampfmaschinen die Umgebung weniger durch Erschütterungen und Geräusch belästigt wird, als bei großen Gasmotoren."

Anhang 1.

Die Statistik der Elektrizitätswerke nicht ungünstig für den Dampfbetrieb.

In der Einleitung (S. 5) ist darauf hingewiesen worden, daß die Angaben der dort besprochenen Broschüre hinsichtlich der Beurteilung der Statistik der Elektrizitätswerke nicht einwandfrei waren. Auch genügt, wie wir gesehen haben, die Angabe der pro WE. erzeugten Wattstunden nicht zur Beurteilung der Brennstoffkosten pro erzeugte PSe.-Stunde. Ferner kann nicht ersehen werden, wie hoch sich die mittlere tägliche Betriebszeit beläuft, die doch auf den Brennstoffverbrauch stark von Einfluß ist. In der Seite 46 und 47 mitgeteilten Tabelle 4 sind nun 19 Dampfelektrizitätswerke und 2 Generatorgaselektrizitätswerke nach der neuesten Statistik der Elektrizitätswerke zusammengestellt, während für die übrigen 5 bezw. 6 Generatorgasanlagen besondere Erkundigungen bei den Direktionen eingeholt wurden. Dabei sind nun nicht nur die pro WE. erzeugten Wattstunden, sondern (unter Annahme eines Nutzeffektes der Motoren beider Systeme von 90 Prozent) auch die Brennstoffkosten pro PSe.-Stunde und die aus der gesamten Leistung sich ergebende mittlere tägliche Betriebszeit (bestimmt aus der Gesamtleistung unter Annahme einer Reserve von 20 Prozent) zusammengestellt.

Es zeigt sich dabei, daß hinsichtlich der Brennstoffkosten die Dampfbetriebe teils nur wenig höher, teils gleich und sogar niedriger als die Gasbetriebe stehen. Jedenfalls läßt sich aus der Statistik für die besseren der Dampfanlagen so gut wie kein Unterschied gegenüber den wenigen jedenfalls durchweg erstklassigen Gaskraftwerken konstatieren. Die Zusammenstellung giebt nämlich für die

19 Dampfanlagen*) im Mittel fast genau denselben Brennstoffkostensatz — 2,3 Pfennig**) pro PSe. und Stunde — wie für die Generatorgasanlagen — 2,2 Pfennig — wobei ein mit niedriger Ausnutzung arbeitender Gasbetrieb unberücksichtigt blieb, weil auch nur die besseren Dampfanlagen berücksichtigt sind. Wo höhere Werte vorkommen, zeigt sich meist entweder ein sehr kurzer Tagesbetrieb und daher ungünstigere Ausnutzung oder aber hoher Brennstoffpreis, mitunter beides zugleich. Bemerkenswert ist, daß z. B. Ronsdorf mit 1,6 Pf. dem billigsten Gasbetrieb (Basel) gleichsteht, trotz kleinerer Maschineneinheiten. Man kann also keinesfalls diese Statistik derartig zugunsten des Gaskraftbetriebes verwerten wie es versucht worden ist.

---

*) Unter denselben befinden sich einige mit Überhitzerbetrieb, doch sind es keine eigentlichen Heißdampfbetriebe (350° Dampftemperatur im Zylinder), wie eingeholte Erkundigungen zeigen, nach denen im Mittel 250° an der Maschine nicht überschritten werden.

**) Für das mit moderner Heißdampfanlage ausgerüsteten Elektrizitätswerk Dresden-Plauen, welches mit starker Unterbelastung arbeitet, ergiebt sich für den Betrieb mit böhmischer Braunkohle zu 71 M. pro 10 000 kg nach den Betriebstagebüchern ein Brennstoffpreis pro PS. e.-St. von 1,7 Pf., also weniger als das obige Mittel. Über den Abnahmeversuch in diesem Werke (vom Verfasser ausgeführt) siehe Z. d. V. d. Ing. 1903 S. 1084.

Zusammenstellung der
und Kosten bei

a. Dampf-Elektrizitätswerke.

Ort	Anzahl der Maschinen	Gesamtleistung der Maschinen PS.e.	Normale Gesamtleistung KW.	Erzeugte Energie im ganzen Jahr KW/st.	Erzeugte Energie: Betriebsstunden pro Tag bei 80 pCt. der Gesamtleistung	pro WE. erzeugte W/st.	pro WE. nutzbar abgegebene W/st.	Heizwert der Kohle WE.	Brennstoffkosten: für 10 t Mk.	Brennstoffkosten: für 10000 WE. Pfg.	Brennstoffkosten: für KW/st. nutzbar abgegeben Pfg.	Brennstoffkosten: für KW/st. erzeugt Pfg.	Brennstoffkosten: für erzeugte PSe/st. Pfg.
Würzburg	3	750	495	1 026 570	7,10	0,065	0,057	7657	267,7	**3,50**	6,1	5,3	**3,5**
Stuttgart	5	3020	2320	2 339 643	3,45	0,072	0,063	7333	244,4	**3,33**	5,3	4,6	**3,0**
Königsberg i. Pr.	10	3155	2333	2 656 928	3,90	0,068	0,065	6070	201,8	**3,32**	5,1	4,9	**3,2**
Braunschweig	3	1500	1020	573 376	1,93	0,072	0,054	3700	121,3	**3,28**	5,6	4,2	**2,8**
Mühlhausen	5	1100	800	1 285 683	5,30	0,074	0,061	8000	225,2	**2,82**	4,5	3,7	**2,5**
Bergen	4	1000	710	508 028	2,45	0,064	0 048	5000	139,2	**2,78**	5,8	4,4	**2,9**
Frederiksberg	3	1000	750	1 667 199	7,61	0,073	0,069	7350	200,2	**2,72**	4,0	3,8	**2,5**
Wiesbaden	6	3450	2300	3 119 822	4,65	0,062	0,051	7600	197,2	**2,60**	5,1	4,2	**2,8**
Pirmasens	3	1150	800	795 570	3,40	0,070	0,058	6500	168,1	**2,59**	4,4	3,6	**2,4**
Charlottenburg	5	3750	3040	4 165 590	4,69	0,079	0,066	6300	163	**2,59**	3,7	3,1	**2,1**
Görlitz	5	1050	945	1 231 742	4,46	0,070	0,050	6400	164,5	**2,57**	5,1	3,6	**2,4**
Eltville	2	450	310	560 295	6,19	0,089	0,052	7250	166,3	**2,29**	4,3	2,5	**1,7**
Lindau i. B.	2	330	220	397 800	6,19	0,068	0,051	6924	144,7	**2,09**	4,9	3,7	**2,5**
Bielefeld	3	1000	700	738 649	3,61	0,059	2,053	7650	147,3	**1,93**	3,6	3,2	**2,1**
Deuben	4	1680	1180	1 714 215	4,98	0,058	0,051	5500	103,3	**1,88**	3,7	3,2	**2,1**
Crefeld	3	150	1020	1 960 919	6,59	0,067	0 062	7752	142,3	**1,84**	2,9	2,7	**1,8**
Ronsdorf	2	412	405	576 131	4,88	0,064	0,053	6984	121,1	**1,73**	2,9	2,4	**1,6**
Mähr.-Ostrau	4	2600	1697	2 277 448	4,40	0,076	0,059	6000	89,7	**1,50**	2,6	2,0	**1,3**
Waldenburg i. Schl.	5	2730	2110	4 740 791	7,58	0,056	0,046	6000	65,7	**1,10**	2,4	2,0	**1,3**

Mittel 2,3

Tab. 4.

Brennstoff-Ausnutzung Elektrizitätswerken.

b. Generatorgas-Elektricitätswerke.

Ort	Anzahl der Maschinen	Gesamtleistung der Maschinen PS.e.	Normale Gesamtleistung KW.	Erzeugte Energie im ganzen Jahr KW|st.	Erzeugte Energie: Betriebsstunden pro Tag bei 80 pCt. der Gesamtleistung	pro WE. erzeugte W|st.	pro WE. nutzbar abgegebene W|st.	Heizwert der Kohle WE.	Brennstoffkosten: für 10 t Mk.	Brennstoffkosten: für 10 000 WE. Pfg.	Brennstoffkosten: für KW|st. nutzbar abgegeben Pfg.	Brennstoffkosten: für KW|st. erzeugt Pfg.	Brennstoffkosten: für erzeugte PSe|st. Pfg.
Oerlikon	3	375	225	437 280	4,61	0,143	—	7500	346,5	**4,62**	—	3,2	**2,1**
Blankenese	2	375	325	229 734*)	2,47	—	—	7500*)	343,7	**4,58**	—	3,6	**2,4**
Romanshorn**) .	—	—	400*)	408 358	3,50	0,079	—	7500	338,8	**4,52**	—	5,7	**3,8**
Seen	—	—	100	59 682	2,04	0,100	0,075	7500	300,0	**4,00**	5,3	4,0	**2,6**
Linden . . .	3	240	150	207 533	3,79	0,117	0,088	7400	274,2	**3,71**	4,0	3,3	**2,2**
Rothenburg o. Tbr. . .	3	220	—	—	—	—	—	7500	252,6	**3,37**	—	3,3	**2,2**
Basel . . .	4	1200	1200	1 173 533	3,35	0,121	0,088	7000	205,3	**2,93**	3,3	2,4	**1,6**
												Mittel	**2,2**

*) geschätzt.
**) Für den Mittelwert unberücksichtigt; Begründung siehe Anhang 1.

Anhang 2.

Wegen verschiedentlich aufgetretener Übelstände an Sauggasanlagen, wie Geräusch- und Geruchsbelästigung, Vergiftungen durch Gase, Explosionen etc., sind neuerdings in Preußen ministerielle Vorschriften erlassen worden, welche hier Platz finden mögen, da sie vermutlich über kurz oder lang in allen Bundesstaaten eingeführt werden dürften. Daß im Königreich Sachsen diese Anlagen konzessionspflichtig sind, ist bekannt und es dürfte nur eine Frage der Zeit sein, daß angesichts der öfteren Unfälle bei Sauggasanlagen die Konzessionpflicht im Reiche allgemein eingeführt werden wird, was dem System an sich nicht mehr und nicht weniger hinderlich sein würde, wie es die gesetzlichen Vorschriften für die Dampfkesselanlagen gewesen sind.

Ministerial-Erlaß

vom 17. Januar 1903,

betreffend die Aufstellung von Sauggasanlagen.

Der preußische Minister für Handel und Gewerbe giebt unterm 17. Januar 1903 bekannt, daß einstweilen kein Anlaß vorliege, die Sauggasanlagen unter die nach § 16 der Gewerbeordnung genehmigungspflichtigen Anlagen aufzunehmen, daß er aber im Interesse der öffentlichen Sicherheit und der im Betriebe beschäftigten Arbeiter empfehle, bei der Einrichtung und dem Betriebe der Sauggasanlagen die Grundsätze, die nachstehend aufgeführt sind, zu beachten.

Gesichtspunkte, betreffend die Einrichtung und den Betrieb von Såuggas-Kraftanlagen.

1. Die Vorrichtungen zur Darstellung des Gases sind in besonderen, hohen Räumen aufzustellen, welche reichlich und in solcher Art gelüftet sind, daß eine Ansammlung von Gasen darin ausgeschlossen ist.
2. In Kellerräumen ist die Aufstellung nur dann zulässig, wenn der lichte Raum zwischen Oberkante der Füllöffnung (Einschütttrichter des Vergasers oder Gaserzeugers) und Decke mindestens 1,5 Meter beträgt, und wenn eine wirksame Entlüftung des Raumes (natürlich oder auf mechanischem Wege) gewährleistet ist. Bei Anlagen, in welchen der Füllschacht (Einschüttöffnung) durch die Decke geführt ist, sodaß die Beschickung von einem anderen, ebenfalls gut gelüfteten Raum erfolgt, kann von dem vorbezeichneten Spielraum von 1,5 Meter abgesehen werden.

   Unzulässig ist die Aufstellung in Kellern, welche kein direktes Tageslicht oder weniger als 3 Meter lichte Höhe haben oder unter Durchfahrten liegen.

3. Die Betriebsräume der Gaserzeugungsanlage müssen so groß sein, daß die einzelnen Apparate, Leitungen und sonstigen Ausrüstungsgegenstände bequem und sicher erreicht und bedient werden können. Insbesondere sind die Rohrleitungen so zu verlegen, daß durch sie der Verkehr und die Zugänglichkeit der Apparate nicht beeinträchtigt wird.
4. Ein Zusammenhang dieser Betriebsräume mit Wohnräumen ist nicht zulässig. Ebenso ist zu hindern, daß etwa über der Kraftgasanlage liegende Wohn- oder Arbeitsräume durch heiße Luft oder Dünste belästigt werden.
5. Die während der Anheizperiode, ebenso auch die während des Stillstandes der Gasmaschine entstehenden Verbrennungsprodukte des Gaserzeugers sind durch ein genügend weites Rohr oder durch einen gut ziehenden Schornstein*) bis über die Dachfirste der benachbarten Gebäude hinauszuführen.

   Dasselbe gilt von den Auspuffgasen der Gasmaschine, welche geräuschlos abzuführen sind.
6. Es sind Einrichtungen zu treffen, welche während der Anheizperiode und während des Stillstandes der Maschine den Eintritt von Gasen aus dem Gaserzeuger in die Kühl- und Reinigungsapparate (Wäscher, Reiniger u. dergl.) verhindern.
7. Ebenso sind Vorkehrungen zu schaffen, welche bei Fehlzündungen oder bei anderen Störungen den Rücktritt von Explosivgasen aus der Gasmaschine in die Gaszuleitung unmöglich machen.
8. Ferner sind Vorkehrungen zu treffen, welche die Belästigungen während des Reinigens der Gaserzeuger-Feuerung (Ascheziehen, Ausschlacken) auf das Mindestmaß herabdrücken. Gebotenenfalls sind die heißen Dämpfe und Gase an den Räumungsöffnungen abzufangen und fortzuleiten.
9. Die Gas-, Wasch- und Reinigungsapparate, ebenso die Gasleitungen sind mit Vorrichtungen auszustatten, welche den jeweiligen Druck erkennen lassen.
10. Durch die vorstehenden Gesichtspunkte werden etwa schon bestehende ortspolizeiliche Bau- oder sonstige Vorschriften nicht berührt.

---

*) Daß die Abführung der Generatorgase während des Stillstandes des Motors durch Hausschornsteine bedenklich ist, zeigt der S. 18 angeführte Unglücksfall. (D. Verf.)

Anhang 3.

Auszug aus der von einer Gasmotorenfabrik selbst aufgestellten Anleitung zum Betrieb von Sauggeneratorgasanlagen *).

1. Allgemeine Vorschriften.

Infolge des Saugens stehen die Apparate und Leitungen unter einem geringern als Atmosphärendruck, so daß bei Undichtigkeiten oder beim Öffnen von Hähnen während des Betriebes kein Gas ausströmt, sondern Luft in die Gasleitung eintritt. Hierdurch wird das Gas verdünnt und die Leistung des Motors verringert. Beim Eindringen von größeren Luftmengen entsteht die Gefahr, daß sich in den Leitungen eine Explosionsgemenge bildet.

Es ist daher von größter Wichtigkeit, daß alle Rohrleitungen, Hähne und Apparate dicht sind.

Die Prüfung auf die Dichtigkeit der Verbindungsstellen, welche nicht nur bei der ersten Ingangsetzung, sondern auch später in regelmäßigen Zeiträumen in Betriebspausen vorgenommen werden muß, geschieht am besten mit Hilfe des zur Ingangsetzung beigegebenen Ventilators. Durch diesen bläst man Luft in die Apparate und stellt durch Ableuchten der Verbindungsstellen fest, ob dieselben dicht schließen. Außer durch Undichtigkeiten kann auch durch falsche Stellung der Hähne Luft in die Apparate eintreten, man hat daher auf die Bedienung dieser Hähne im Sinne der folgenden Vorschriften genau zu achten und die angegebene Reihenfolge aufrecht zu erhalten.

In den Generatorräumlichkeiten ist stets für gute Ventilation zu sorgen. Die zur Verwendung kommenden Kohlen müssen durch ein Sieb von ca. 4 mm Maschenweite abgesiebt werden.

2. Inbetriebsetzung, nachdem der Generator neu aufgestellt oder gereinigt worden ist.

Bei der ersten Ingangsetzung der Anlage und auch sonst, wenn kein Gas vom letzten Betrieb her im Skrubber und den Rohrleitungen verblieben ist, muß vor dem Anlassen des Motors in diese

*) Ausführlich wiedergegeben in H. Güldner, Entwerfen und Berechnen der Verbrennungsmotoren, S. 530f.

Apparate mit dem Ventilator Gas eingeblasen werden. Zu diesem Zwecke öffne man den ins Freie führenden Entlüftungshahn und den Skrubberhahn und schließe nun den Fülltrichter. Das Hindurchblasen muß mindestens so lange geschehen, bis alle Luft aus den Apparaten verdrängt, das Gas ersetzt ist und vor der Maschine sicher brennt.

3. Inbetriebsetzung des Motors.

Nachdem man sich überzeugt hat, daß das Gas am Probierhahn gut brennt, kann die Maschine in Gang gesetzt werden. Zu diesem Zwecke höre man mit dem Blasen durch den Ventilator auf, öffne den Skrubberhahn und den Dampfhahn und schließe den Fülltrichter, desgleichen ist der Wasserzufluß am Skrubber anzustellen. Dann setze man den Motor in Betrieb bei gleichzeitigem Schließen des Entlüftungshahnes.

Vom Aufhören des Blasens bis zum Ingangsetzen des Motors darf kein unnötiger Zeitverlust eintreten. Alle Vorbereitungen für das Ingangsetzen des letzteren müssen daher vorher getroffen worden sein.

Während des Betriebes muß der Wasserzufluß zum Verdampfer so geregelt werden, daß das Wasser aus dem Überlaufrohr in genügender Menge ausfließt, um unter den Rost immer einen Wasserspiegel zu erhalten. Zu diesem Zwecke ist das Hähnchen des Überlaufrohres zu öffnen.

4. Abstellen des Betriebes.

Man setze den Motor still, indem man die Vorschriften unter „Stillsetzen des Motors" in der Bedienungsvorschrift des Motors beachtet, öffne den Entlüftungshahn am Motor sowie den Trichter am Generator. Erst dann schließe man den Skrubberhahn und den Entlüftungshahn. Das Abschließen des Skrubberhahnes und Entlüftungshahnes darf nicht vergessen werden, damit in den Apparaten hinter dem Generator gutes Gas zum nächsten Ingangsetzen zurückbleibt. Dann ist der Wasserzufluß am Skrubber und Verdampfer abzustellen, der Lufthahn ist so einzustellen, daß der Generator während der Betriebspausen in Glut bleibt, und der Dampflufthahn zu schließen.

Ist der Generator stark verschlackt, so muß er ganz ausgenommen und vollständig gereinigt werden, indem man die Schlacken durch den Trichter von der Wandung abstößt; am besten geschieht dies an jedem Montag morgen. Es ist in diesem Falle jedoch nicht gut, den Inhalt des Generators schon direkt nach dem Abstellen, also Sonnabend abend zu entleeren, da der Generator hierdurch zu sehr abgekühlt wird und durch den häufigen Temperaturwechsel die Ausmauerung leidet.

5. Reinigung des Rostes.

Je nach der Qualität der Kohle ist es nötig, in Zwischenräumen von mehreren Stunden den Rost von Asche zu säubern. Dies kann während des Betriebes geschehen, indem man die Aschentür öffnet und von der Mitte aus nach vorn und hinten durch den Rost fährt, damit die Schlacken von dem Rost durch die Feuertüren gelangen. Bildet sich in dem Schacht oberhalb der Feuertüren Schlacke, so muß durch die Feuertüren nach aufwärts gestoßen werden. Die Feuertüren dürfen nur sehr kurze Zeit offen bleiben, es muß daher dieses Abschlacken besonders schnell geschehen.

6. Reinigen der Rohrleitungen.

Die Rohrleitungen müssen ungefähr monatlich nachgesehen und gereinigt werden. Es ist zu beachten, daß sich die Unreinigkeiten, namentlich in den Krümmern und an den Anschlußstellen an der Leitung an den Skrubber absetzen. Um die Leitung an diesen Stellen zu reinigen, müssen die Flanschen gelöst werden.

7. Der Skrubber.

Die Reinigung des Skrubbers muß je nach der täglichen Betriebsdauer etwa in 9 bis 12 Monaten erfolgen.

Zu diesem Zwecke muß der Generator außer Betrieb gesetzt sein. Der Skrubberhahn ist zu schließen und der obere und untere Verschlußdeckel des Skrubbers zu öffnen. Hierauf lasse man den Skrubber einige Stunden lang stehen, damit das darin befindliche Gas entweichen kann, und ziehe dann mittels eines eisernen Hakens den Koks aus der unteren Öffnung des Skrubbers aus. Nach der Reinigung füllt man den Skrubber mit neuen Koksstücken und verschließt hierauf die beiden Öffnungen wieder, wobei die etwa beschädigten Dichtungen für die Verschlußdeckel durch neue zu ersetzen sind.

Alle Reinigungsarbeiten dürfen nur bei Tage vorgenommen werden und ist darauf zu achten, daß in dem Raum während der Reinigung weder Feuer noch Licht brennt und daß nicht geraucht wird. Die Reinigung soll stets durch mindestens zwei Arbeiter ausgeführt werden; dabei ist für Zutritt frischer Luft zu sorgen.

GPSR Compliance

The European Union's (EU) General Product Safety Regulation (GPSR) is a set of rules that requires consumer products to be safe and our obligations to ensure this.

If you have any concerns about our products, you can contact us on ProductSafety@springernature.com

In case Publisher is established outside the EU, the EU authorized representative is:

Springer Nature Customer Service Center GmbH
Europaplatz 3
69115 Heidelberg, Germany

Batch number: 10844827

Printed by Printforce, the Netherlands